OLDTIMERPFLEGE

Christian Petzoldt

OLDTIMERPFLEGE

Lacke, Leder, Holz, Oberflächen erhalten, reinigen und pflegen

HEEL

IMPRESSUM

HEEL Verlag GmbH
Gut Pottscheidt
53639 Königswinter
Telefon 0 22 23 / 92 30-0
Telefax 0 22 23 / 92 30 26
Mail: info@heel-verlag.de
Internet: www.heel-verlag.de

Verantwortlich für den Inhalt: Christian Petzoldt

Lektorat: Joachim Hack, Bad Honnef

Satz und Gestaltung: HEEL-Grafik

Lithografie: Collibri Prepress GmbH

Druck: Koelblin-Fortuna-Druck, Baden-Baden

Printed in Germany

ISBN: 3-89880-544-1

Fotonachweis:
Dieter Rebmann, Pressearchive der Hersteller, Brian Chase, Matthias Neubauer, Swizöl und Christian Petzoldt

Illustration: Günter Klawek

Inhaltsverzeichnis

Vorwort

Warum dieses Buch geschrieben wurde? Um Sammlern und Liebhabern älterer Fahrzeuge die Pflege, den Erhalt und die Instandsetzung von betagten Fahrzeugoberflächen im Außen- und Innenbereich zu erleichtern. In problemlos nachvollziehbaren Kapiteln hoffe ich, dem Oldtimerfan die Möglichkeit zu geben, in die Jahre gekommene Oberflächen sachgerecht zu reinigen und werterhaltend zu pflegen. Manchmal ist es aber auch wichtig, Wege einer Instandsetzung aufzuzeigen, die heute technisch möglich sind, und geübten Selbermachern eine Arbeitsanleitung mitzugeben. Auf der anderen Seite möchte ich aber auch die Möglichkeiten der Fachbetriebe deutlich machen, die in der Lage sind, viel zur Auffrischung und Restaurierung von alten Oberflächen beizutragen.

Es werden in diesem Buch sowohl alte, originale Fahrzeugoberflächen behandelt wie auch bereits mit neuzeitlichen Materialien restaurierte. Auf diese Weise kommen alle Oldtimerbesitzer auf ihre Kosten und können vielleicht den einen oder anderen Tipp beherzigen, um ihr bestes Stück optimal zu erhalten. Denn das Endergebnis einer perfekt bearbeiteten und/oder gepflegten Oberfläche resultiert aus einem mit dem nötigen Hintergrundwissen und Know-How ausgestatteten Anwender, dem richtigen Werkzeug und der sinnvoll eingesetzten Chemie. Das Ziel dieses Buches wäre erreicht, wenn Sie mit seiner Hilfe bessere Resultate bei ihrer Lieblingsbeschäftigung – dem Erhalten von alten Fahrzeugen – erzielen würden.

Die im Buch gezeigten Lösungsvorschläge und Reparaturtechniken beruhen auf langjährigen Erfahrungswerten und sollten zu akzeptablen Ergebnissen führen. Doch die bei Oldtimern verwendeten Materialien sind in Alter, Herstellung und Ursprung sehr unterschiedlich, sodass alle in diesem Buch präsentierten Reinigungs- und Pflegearbeiten zunächst an verdeckten Stellen auf ihre Wirkung und Verträglichkeit geprüft werden sollten. Die Arbeitsempfehlungen und der Einsatz der vorgestellten Reparatur- und Pflegeprodukte sind nach bestem Wissen und Gewissen erfolgt. Dennoch können Autor und Verlag selbstverständlich keinerlei Verantwortung für Schäden am Fahrzeug übernehmen, die durch unsachgemäße Arbeit und/oder Anwendung dieser Produkte entstehen.

Die überarbeitete Neuauflage dieses Buches wurde inhaltlich ergänzt, um auch den Werkstoff Holz angemessen zu berücksichtigen. Der Erfolg der Erstauflage und die ständige Weiterentwicklung der Arbeitstechniken und Produkte haben uns gleichfalls dazu veranlasst, die Inhalte des Buches komplett auf den neuesten Stand zu bringen. Dabei wurden auch Veränderungen bei den angewandten Produkten und neue Arbeitsmaterialien dort vorgestellt, wo es sinnvoll ist. Für den geübten Anweder soll so die Möglichkeit geboten werden, alle Oberflächen seines Oldtimers zu reinigen, zu pflegen und durch überschaubare Restaurierungsarbeiten dauerhaft zu erhalten.

Christian Petzoldt
Februar 2006

M-ML 8888

I. Lack

1. LACKREINIGUNG

Bei der Lackreinigung oder der Lackpolitur sollten immer erst alle Oberflächen durch einen

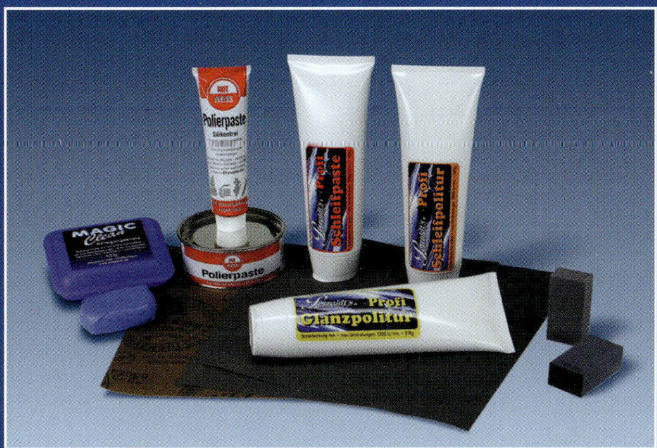

sorgfältigen Waschvorgang von losem Schmutz befreit werden. Nach dem Trocknen der Lackoberfläche mit der Hand prüfen, ob Ablagerungen zu spüren sind, oder ob sich die Oberfläche vollkommen glatt anfühlt. Fühlbare Ablagerungen sollten mit der Reinigungsknetmasse lackschonend entfernt werden. Ist nun die Lackoberfläche glatt wie eine Glasscheibe, sollte in der Sonne oder einer Kunstlichtquelle der Lack auf Haarlinienkratzer oder Hologramme untersucht werden. Bei der Entfernung dieser feinen Spuren in der Lackoberfläche, ist es wichtig, Folgendes zu beachten: Bei der Lackreinigung oder Politur muss immer gegen sichtbar vorhandene Spuren gearbeitet werden, um diese wirkungsvoll entfernen zu können. Dazu ist es außerdem wichtig, bei gutem Licht und an verdeckter Stelle zu testen, mit welcher Politur oder Schleifpaste der Lack wieder perfekt aufzuarbeiten ist.

An Hand der anschließend beschriebenen Testmethode sollte man die mildeste Variante ausprobieren, die den gewünschten Erfolg bringt und nur soviel Lack abträgt wie nötig. Dabei muss man berücksichtigen, dass gerade bei alten Lackschichten im Laufe der Jahre viel wegpoliert wurde und kaum noch Lacksubstanz vorhanden ist. Daher muss man bei allen anstehenden Lackaufbereitungen so schonend wie

Lackreinigungs-Knete – die cleverste und schonendste Art, Ablagerungen ohne Lackabtrag zu entfernen. Auf der Knetoberfläche sind abgetragene Eisenstaubpartikel gut zu sehen

möglich vorgehen. Und ist erst einmal die Oberfläche perfekt poliert, sollte anschließend der Lackschutz (Wachs oder Polymere usw.) gewissenhaft und regelmäßig aufgefrischt werden, um den gewünschten Schutz zu erhalten. Denn eine gute Lackkonservierung erspart häufiges Lack abtragendes Polieren, da Bewitterung, Baumharze und Vogelkot nicht so schnell die Chance haben, in den Lack einzudringen.

Die Lackreinigung mit Knete

Erster Schritt nach der Fahrzeugwäsche ist die Überprüfung der Lackoberfläche auf Ablagerungen. Diese können einfach durch eine leichte Handbewegung auf dem Lack erfühlt werden. Ablagerungen wie Industriestaub, Eisenstaubpartikel und Insektenreste, die durch Waschen nicht zu entfernen sind, spürt man als raue Stumpfheit auf der Oberfläche.

Um wieder eine glasartig glatte Oberfläche zu bekommen, ohne gleichzeitig Lack abzutragen, hat sich im Profi-Bereich die Reinigungsknetmasse Magic Clean bestens bewährt. Mit der Knete und etwas aufgesprühtem Wasser oder auf dem Wege der Trockenwäsche lassen sich alle reliefartigen Oberflächenverunreinigungen durch schiebende Bewegungen aufnehmen und entfernen. Selbst Farbnebel lässt sich so mühelos und – was noch wichtiger ist – ohne Lackabtrag von der Fahrzeugoberfläche entfernen. Kontrollieren sie

So können sie verschiedene Polituren auf ihre Reinigungswirkung und Schleifkraft testen. Nehmen sie ein Baumwolltuch und reiben sie jeweils eine Politur mit der gleichen Anzahl kreisförmiger Bewegungen auf den Lack. Das beste Ergebnis mit dem geringsten Lackabtrag sollte vorzugsweise zur Lackreinigung eingesetzt werden

Die Wirkung und der Lackabtrag einer Politur kann durch unterschiedliche Tücher oder Schwämme zusätzlich beeinflusst werden. Generell gilt, dass ein weicheres Tuch weniger Lackabtrag bewirkt. So können sie mit unterschiedlich weichen Tüchern die Lackreinigung stufenlos variieren

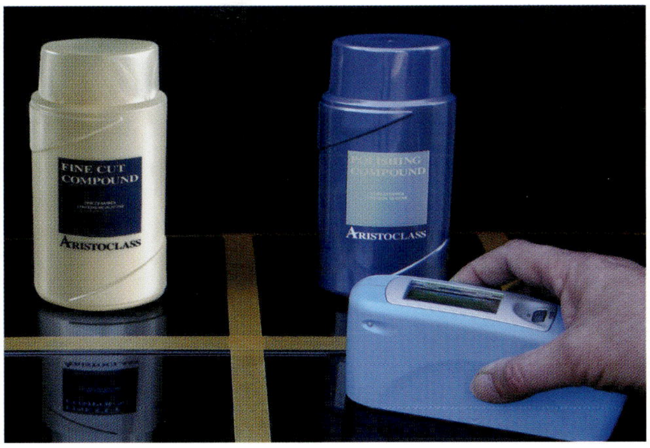

Glanzgradmessung nach erfolgter Lackreinigung und Politur.

durch Fühlen, ob alle Ablagerungen entfernt wurden und reiben sie anschließend die Oberfläche wieder trocken. Jetzt braucht meist im Anschluss nur noch der Glanzgrad mit einem milderen Poliermittel wieder hergestellt zu werden, und man erhält als Resultat wieder eine spiegelglatte hochglänzende Lackoberfläche, die im Anschluss perfekt konserviert werden kann.

Poliermittel- und Polierwerkzeug-Test

Testen Sie Ihre Poliermittel auf Intensität der Wirkung und Ergebnisse auf der zu polierenden Lackoberfläche wie folgt: Nehmen sie ein weiches helles Baumwolltuch und geben Sie etwas Politur darauf. Nun reiben Sie mit etwa fünf kreisenden Bewegungen und leichtem Druck auf der Stelle. Schauen Sie sich anschließend das Ergebnis und den Lackabrieb im Tuch an. Verschiedene Polituren werden eine unterschiedlich starke Lack abtragende Schleifwirkung besitzen. Wählen Sie für ihre Arbeit stets nur jene Politur aus, die das gewünschte Ergebnis erreicht, ohne zuviel an Lacksubstanz zu entfernen.

Weiterhin kann man einen quasi stufenlosen Lackabtrag (samt Polierwirkung) durch den Einsatz unterschiedlicher Tücher und Schwämmchen mit ein und derselben Politur erreichen.

Haben sie z. B. durch den ersten Test das Poliermittel gefunden, das das beste Ergebnis mit

dem größtmöglichen Glanzgrad ergeben hat, kann man durch unterschiedliche Arbeitsmittel das Ergebnis noch weiter beeinflussen. Durch die Verwendung eines weicheren Tuchs oder Schwämmchens wird noch etwas weniger Lack abgetragen und meist auch noch der Glanzgrad erhöht. Denken Sie aber immer daran, dass auf einem älteren Fahrzeug nicht mehr sehr viel Lacksubstanz vorhanden ist. Reinigen und polieren Sie daher sehr gefühlvoll und schonend. Ihr Originallack wird es Ihnen in den kommenden Jahren mit erstaunlicher Lebensdauer danken.

Lackreinigung von Hand

Schauen sie sich bei guten Lichtverhältnissen die saubere Lackoberfläche genau an. Welche Art von Spuren (Haarlinienkratzer) sind zu erkennen? Meist sind es kreisrunde Spuren von Polierarbeiten und Fahrzeugwäschen, die durch entsprechende Bewegungen von Arbeitsmitteln (Tücher, Schwämme, Waschanlagenbürsten u.a.) oder durch Staub und Sandpartikel verursacht werden, da oft mit zu hohem Druck und/oder ungeeigneten Putzutensilien gearbeitet wurde. Auf diese Weise entstehen auf der Lackoberfläche hässliche Holografie-Effekte, die besonders im Sonnen- oder Kunstlicht sichtbar werden. Mit hochwertigen weichen Putzutensilien, die bei Polier- oder Reinigungsarbeiten in geraden Bewegungen über den Lack geführt werden, entstehen diese Spuren nicht mehr. Es ist also äußerst wichtig, mit weichen Schwämmen und/oder Tüchern zu arbeiten.

Wählen Sie nun bevorzugt milde Poliermittel aus, die wenig Lacksubstanz entfernen, leicht aufzutragen und aufzupolieren sind. Dadurch kann man mechanische Bearbeitungsspuren auf der Lackfläche vermeiden. Je nach Tiefe der Lackdefekte (Kratzspuren oder Oxidation) muss man zwischen Schleifpaste, Schleifpolitur oder Glanzpolitur auswählen. Dazu wird die Wirkung des Produktes an verdeckter Stelle, z. B. auf der Beifahrerseite im unteren Bereich oder Einstieg getestet. Auch hier gilt generell: Immer nur so wenig wie möglich von der Lacksubstanz bei der Oberflächeninstandsetzung abtragen und gerade Polierbewegungen ausführen, um runde Kratzspuren oder Hologramme zu vermeiden.

Das Abwischen von getrockneten Lackreiniger- oder Poliermittelresten sollte nur mit weichen, langschlaufigen Baumwoll- oder Mikrofasertüchern durchgeführt werden. Die grobschlaufige Struktur der Tücher bewirkt, dass diese Rückstände wie auch Staub und Sandpartikel in die Tiefe des Tuches eindringen und nicht mehr über die Lackoberfläche bewegt werden, was zwangsläufig zu Polierspuren führt. Ist nach dem Entfernen des Lackreinigungs- bzw. Poliermittels eine perfekte spurenfreie Oberfläche entstanden, kann das vorgesehene Lackschutzmittel aufgetragen werden.

Lackreinigung mit der Maschine

Eines sei vorweg bemerkt: Das Reinigen und Polieren mit einer Poliermaschine ist etwas für geübte Selbermacher. Grundsätzlich erleichtert solches Gerät die Arbeit ungemein und ist zudem bei größeren Lackdefekten und intensiveren Waschspuren meist effektiver. Bei qualitativ hoch-

wertigeren Poliermaschinen in Kombination mit den richtigen Schaumstoffpolieraufsätzen ist auch ein besseres Reinigungs- und Polierergebnis als bei manueller Arbeit zu erzielen. Ein vernachlässigter Scheunenfund kann, wenn er mit einer guten Schleif- oder Polierpaste gekonnt maschinell bearbeitet wird, anschließend wieder wie ein

Mit der Rotexbewegung lässt sich mild, fehlerfrei und vor allem ohne Holografie-Effekte polieren

Neufahrzeug aussehen. Für diesen Zweck hat sich im Profibereich besonders die Poliermaschine Rotex von Festool bestens bewährt. Die von diesen Geräten ausgeführte Wellenbahn-Polierbewegung erzeugt selbst keine Polierspuren, entfernt aber kreisrunde Holografiekratzer aus einer Lackoberfläche.

Wie bereits erwähnt kann durch die Wahl des Schaumstoffpoliertellers und des Lackreinigungsmittels der Lackabtrag und das Polierergebnis quasi stufenlos verändert werden. Nimmt man zum Beispiel einen harten Schaumstoff und eine Schleifpaste, so können tiefe Kratz- und starke Bewitterungsspuren wirkungsvoll von der Lackoberfläche entfernt werden. Ein sehr weicher Schaumstoff mit einem milden Poliermittel erzeugt im Gegensatz dazu bei geringstem Lackabtrag eine hochglänzende Oberfläche. Auch hier gilt zum wiederholten Male die Regel, dass bei der Lackauffrischung nur sowenig Lacksubstanz wie möglich abgetragen werden sollte.

! WICHTIG:

Wird bei der Lackauffrischung ein grober Lackreiniger oder eine Schleifpaste verwendet, muss unbedingt mit einer milden Schleifpolitur oder Politur und einem weicheren Polierschaumstoff nachgearbeitet werden. Nur so können wirkungsvoll feinste Polierspuren, die durch die Vorreinigung verursacht wurden, entfernt und der Glanzgrad sowie die Tiefenbrillanz gesteigert werden.

Die Besonderheit der beiden Festool Maschinen RO 125 und RO 150 ist die Wellenpolierbewegung. Sie entfernt und verhindert Holografie-Effekte auf Lackoberflächen

2. LACKAUSBESSERUNGEN

Zumeist sind es kleine Lackabsplitterungen und Steinschläge, die störend wirken und den sonst noch gut erhaltenen Lack im Gesamtbild beeinträchtigen. Perfekte Reparaturen solcher kleinen Lackdefekte sind aber durchaus zu bewerkstelligen und anschließend meist nicht mehr zu erkennen.

Zunächst einmal die Schadenstelle mit einer Lupe in Augenschein nehmen. Wenn bei der Absplitterung blankes Metall oder sogar schon Rost zu sehen ist, muss dieser durch vorsichtiges Schaben mit der Spitze eines Bastelmessers entfernt werden. Durch eine Lupe wird die Bearbeitung wesentlich erleichtert. Anschließend die Stelle mit Reinigungs- oder Feuerzeugbenzin und einem Wattestäbchen gründlich reinigen und entfetten. Bei blankem Metallgrund auf die Schadenstelle etwas Rostschutzprimer auftragen – nur ganz dünn und mit sehr feinem Malpinsel Größe 0 oder 1. Dabei unbedingt wieder die Lupe benutzen, damit nur das blanke Metall auf dem Grund des Kratzers mit der Pinselspitze präzise benetzt wird.

Anschließend den Primer je nach Herstellerangaben trocknen lassen.

Nun kann man sich dem eigentlichen Decklack widmen, der zur Lackreparatur gebraucht wird. Meist ist etwas Originallack vorhanden – wenn nicht, lässt man sich beim Lackierer vor Ort nach einem Muster oder mittels des Originalfarbcodes den Lack nachmischen. Dieser sollte ein 2-Komponenten-Lack sein, der später besser schleif- und polierbar ist. Daher am besten mit zwei kleinen Gläschen zum Lackierer gehen – eins für den Lack und eins für den Härter.

Zuhause sollte man den Lack wie folgt in einem kleinen Deckel anmischen: Zwei Tropfen Lack und einen Tropfen Härter mit dem Pinsel gut mischen und anschließend 1 bis 2 Tropfen Verdünnung dazugeben, noch mal gut mischen. Da-

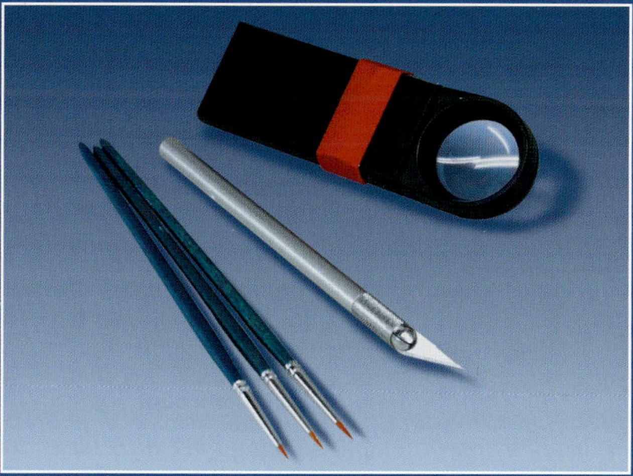

Mit dem Bastelmesser lassen sich Rost und Poliermittelreste entfernen

Mit einem Wattestäbchen und Reinigungsbenzin oder Verdünnung sorgfältig säubern und entfetten

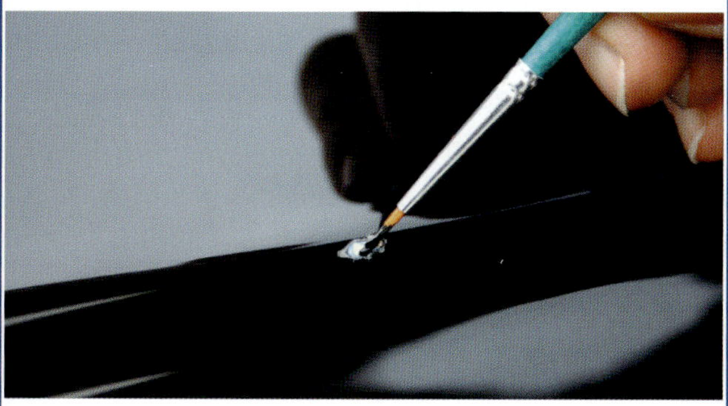

Mit einem feinen Malpinsel der Größe 0 oder 1 den Lack vorsichtig in der Vertiefung auffüllen

nach ein wenig vom recht dünnflüssigen Lack vorsichtig mit der Pinselspitze in die Vertiefung der Schadenstelle einfüllen. Sorgfältig trocken fönen und nach ca. 15 bis 30 Minuten erneut etwas Lack auftragen. Der kleine Kratzer, d.h. die Vertiefung, muss dabei insgesamt etwas überfüllt werden, denn der Lack fällt während des Aushärtungsprozesses durch Lösemittelverlust wieder etwas zusammen.

Sind auf diese Weise alle Fehlstellen ausgebessert worden, muss der Lack anschließend mehrere Tage aushärten. Eine gemäßigte Wärmezufuhr beschleunigt dabei die Trocknung. Ist der Lack durchgehärtet, kann der Lacküberstand – die kleine Erhöhung – mit einem Schleifblock Korn 1500 oder 2000 vorsichtig plangeschliffen werden. Ist kein Schleifblock zur Hand, kann man sich auch mit einem Stück Schleifpapier der entsprechenden Körnung, um ein Stück Holzleiste gewickelt, behelfen. Diese feinen Nassschleifmittel nur maximal 6 bis 8 mal in geraden Bewegungen auf der ausgebesserten Stelle bewegen, dann erst einmal durch Trockenreiben kontrollieren, ob die ausgebesserte Stelle schon mit der übrigen Lackoberfläche übereinstimmt bzw. plan ist. Falls nicht, solange vorsichtig schleifen, bis eine gleichmäßig matte Oberfläche entstanden ist.

Gegebenenfalls können anschließend mit der Schleifpaste, einem mittelharten Schwamm und der Poliermaschine mit ca. 1500/min verbliebene Schleifspuren entfernt wer-

Hier ist die beigefallene Spachtelstelle im Untergrund gut sichtbar und wird nun vorsichtig mit 1500er Schleifpapier beigeschlieffen

Feines Nachschleifen mit 2000er oder 2500er Nassschleifpapier ist nötig, um Reste der Kontur und die 1500er Schleifspuren entfernt werden

Nun kann wieder mit Schleifpaste bei 1500 bis 1700/min die Reparaturstelle aufpoliert und die Schleifspuren entfernt werden

den. Etwas mühevoller ist das Polieren von Hand, aber wenn die ausgebesserte Stelle noch feiner, z. B. mit 3000er Papier, nassgeschliffen wird, gelingt auch diese Arbeit fehlerfrei. Am Ende nur noch fein nachpolieren – und wenn Sie alles richtig gemacht, haben dürfte die Ausbesserung nicht mehr zu erkennen sein.

Auf die gleiche Art und Weise können auch Staubeinschlüsse und Lackläufer in einer ausgehärteten Lackoberfläche entfernt werden. Auch dabei ist wichtig, die Erhöhung vorsichtig beizuschleifen und auf gewölbten Flächen das Werk-

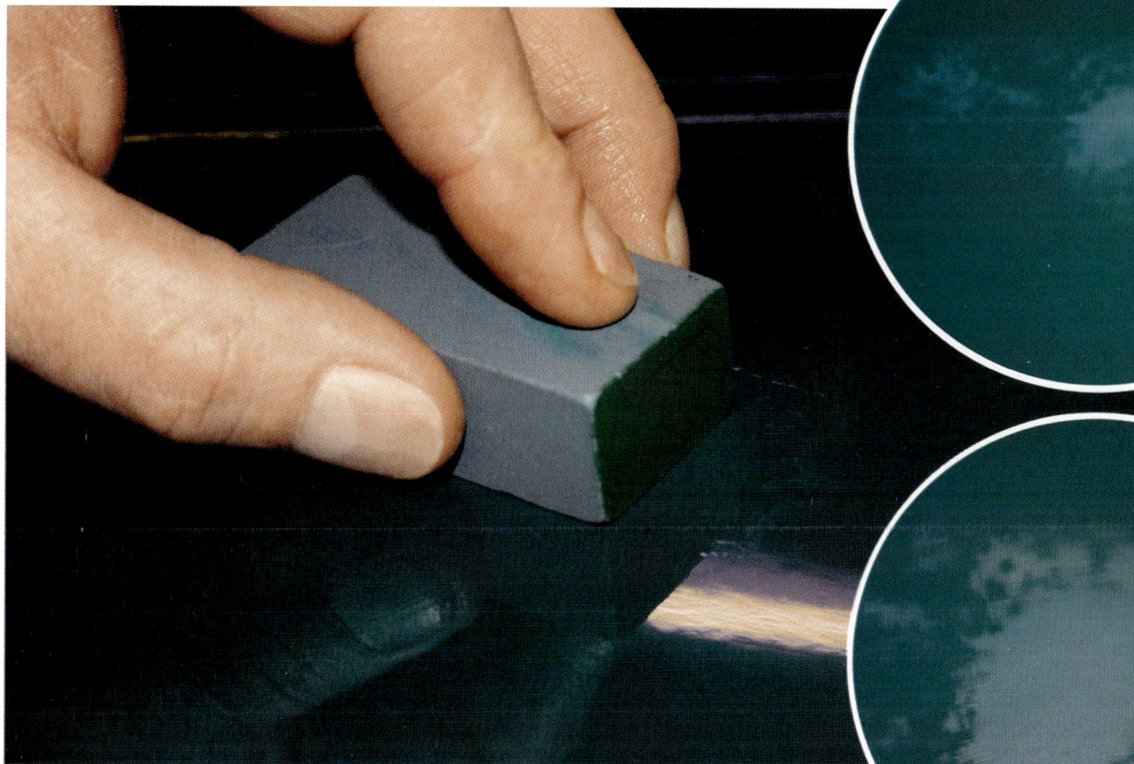
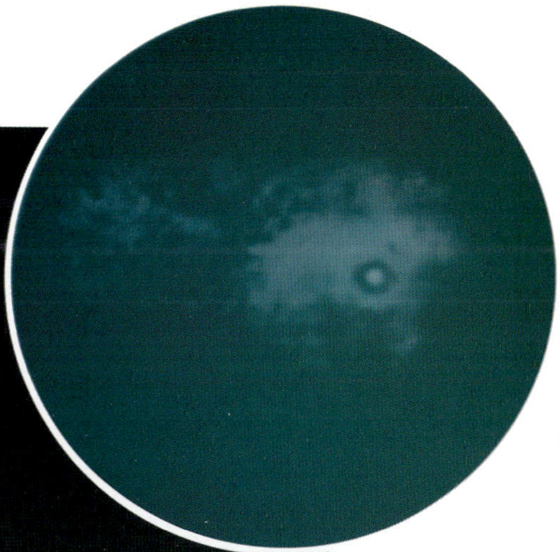
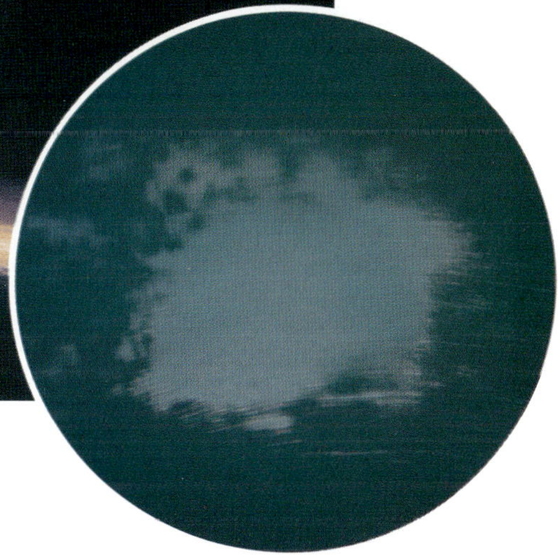

Das Beischleifen einer Lackerhöhung, z.B. Staubeinschluss, Lackläufer oder Lackausbesserung, mit einem Schleifblöckchen

Das Beipolieren der entstandenen Schleifspuren kann maschinell mit der Schleifpaste vorgenommen werden

zeug (Schleifmittel) der Oberfläche anzupassen. Bei Lackläufern kann der geübte Handwerker zuerst vorsichtig mit einer gröberen Körnung (800-1200) vorschleifen. Das Schleifen immer geradlinig ausführen – keinesfalls in Kreisbewegungen! Der nachfolgende Schleifgang mit feinerer Körnung sollte dann diagonal zum ersten Schleifgang ausgeführt werden, also nicht der gehabten Schleifspur folgen, sondern sie brechen und abflachen.

3. STRUKTURANGLEICHUNG

Diese spezielle Angleichung ist immer dann nötig, wenn z. B. Teillackierungen oder Ausbesserungen durchgeführt wurden, und der Übergang oder das nachlackierte Fahrzeugteil eine andere Lackstruktur aufweist, die optisch ins Auge fällt. Mit etwas Sorgfalt und dem richtigen Know-how sind solche unschönen Effekte zu beheben.

Meist ist die Oberflächenstruktur des nachlackierten Teils zu narbig und ein sichtbarer Orangenhauteffekt ist zu erkennen. Das kann etwa

durch zu wenig Verdünnung beim Lackieren entstanden sein oder einfach nur, weil neuere Reparaturlacke nicht mehr so glatt verlaufen. Es ist auch hier sehr wichtig, die Lackkorrektur vorsichtig und gefühlvoll auszuführen. Je nach Strukturunterschied die betroffenen Stellen mit 1500er Schleifpapier – bei starkem Orangenhauteffekt –, ansonsten mit 2000er oder 2500er Nassschleifpapier ohne Druck und mit einem Moosgummi-Schleifklotz vorsichtig anschleifen. Ganz leicht in geraden (!) Bewegungen 2 bis 4 mal ohne Druck mit viel Wasser über die Lackoberfläche fahren. Dann mit einem weichen Tuch die Stelle trocken reiben und das Ergebnis begutachten. Die Erhöhungen der Lackstruktur müssen matt geworden sein und die Vertiefungen noch glänzen.

Zum Testen kann eine flachere, angeschliffene Stelle mit Schleifpaste aufpoliert werden, um die neuentstandene Struktur mit jener der Restkarosserie zu vergleichen. Ist die Oberflächenstruktur noch immer zu narbig und gröber als die des angrenzenden Karosserieteils, muss noch vorsichtig etwas weiter geschliffen werden. Beim Nassschleifen ist es generell sehr wichtig, ohne Druck und mit viel Wasser (etwas Seife im Wasser erleichtert übrigens das Schleifen und das Papier setzt sich nicht so schnell zu) gefühlvoll zu arbeiten.

Spülen sie nach vier in gerader Linie ausgeführten Schleifbewegungen, deren Ausschlag nicht länger als 20 bis 30 cm lang sein sollte, das Papier in einem Eimer mit Wasser gründlich aus. Dadurch wird der Lackabrieb abgespült und das Papier arbeitet länger ohne tiefe Schleifkratzer zu verursachen, die anschließend beim Polieren kaum noch zu entfernen sind. Auch eine mit Wasser gefüllte Sprühflasche ist hilfreich beim Nass-

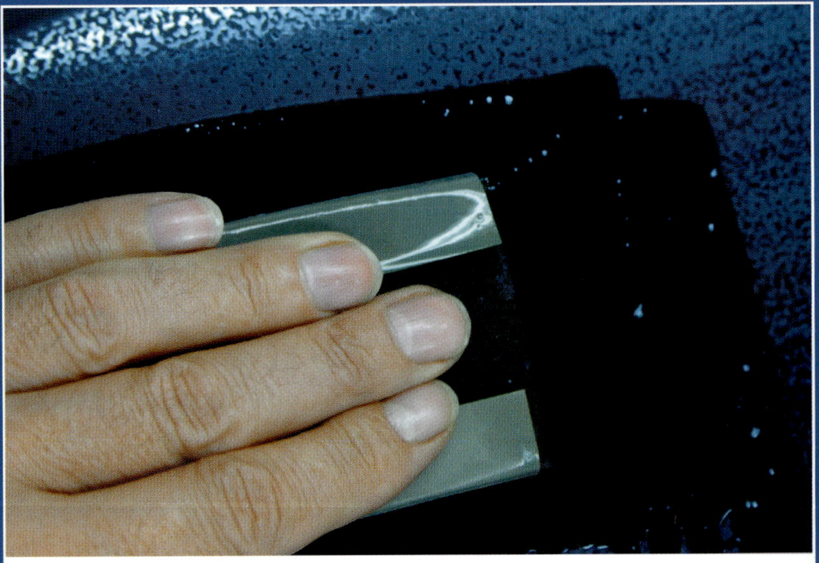

Nur leicht mit 1500er oder 2000er Nassschleifpapier die Lackstruktur abflachen

Mit einem mittelharten Schaumstoffteller und Schleifpaste poliert man die Oberfläche wieder auf

Elektronisch regelbare Profi-Poliermaschine

Hilfreiche Maschinen – Profi-Produkte aus der Autoindustrie: Schleifpaste, Schleifpolitur, Glanzpolitur

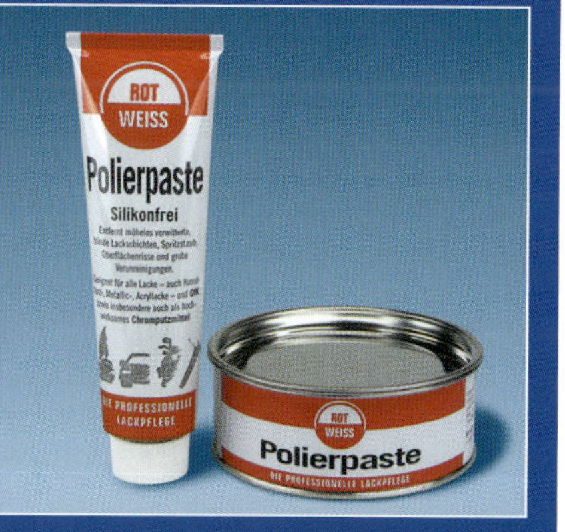

Diese Profi-Polierpaste gibt es schon seit Jahrzehnten und sie ist von Hand oder mit der Maschine einsetzbar

schleifen. Damit kann der Farbabrieb von der Lackoberfläche gespült werden, was ebenso zu einem optimierten Schleifbild führt.

Wenn die lackierte Fläche oder das Karosserieteil nun eine gleichmäßig flachere Struktur hat, kann mit dem Aufpolieren der Lackoberfläche begonnen werden. Dazu nimmt man eine silikonfreie Profi-Schleifpaste, einen mittelharten Polierschaumstoff und eine elektronisch regelbare Poliermaschine. Um Nassschleifspuren wirkungsvoll zu entfernen, sollte man diese mit 1500 bis 1700/min langsam und mit leichtem Druck über die angeschliffene Oberfläche bewegen. Dabei stets sehr vorsichtig und mit plan aufliegendem Polierteller, der mit Schleifpaste benetzt ist, über die Oberfläche fahren. Den Polierteller mit etwas Wasser nur leicht anfeuchten und anschließend die Polierpaste sehr sparsam auftragen. Zuviel Polierpaste verschmiert nur den Polierteller und die Polierwirkung lässt nach. Nach dieser Prozedur mit einem weichen Baumwolltuch die Politurreste von der Lackoberfläche entfernen.

Nun sollte schon in weiten Teilen eine glänzende, schleifspurenfreie Oberfläche entstanden sein. Wenn deren Struktur stimmt und alle Schleifpastenreste beseitigt sind, einen weichen Schaumstoffteller und etwas feine Maschinenpolitur zum Nach- und Glanzpolieren verwenden. Dabei wieder sehr langsam und mit diesmal niedrigerer Drehzahl von ca. 1200 bis 1300/min die noch verbliebenen feinsten Polierspuren entfernen, die von der Vorpolitur mit Schleifpaste stammen.

Ist das lackierte Teil nun perfekt und passt es ins Bild der Restkarosserie, kann das Polierergebnis mit einem Lackschutzmittel konserviert werden. Wer sich solch eine Lackkorrektur an seinen Oldtimer nicht selbst zutraut, kann natürlich auch im Fachbetrieb Hilfe bekommen. Dieses Buch möchte Autoliebhabern und -sammlern nur die ganze Bandbreite an Reparaturmöglichkeiten aufzeigen, die man potenziell in Eigenregie durchführen kann, wenn man die Arbeitstechniken kennt und beherrscht. Manchmal ist es ja nur eine unschöne Lackreparatur, die vielleicht vor Jahren nicht fachgerecht ausgeführt worden ist, die einem den Spaß am Sammlerstück verdirbt.

4. SCHLEIFEN UND POLIEREN

Eine absolut perfekt glänzende Lackoberfläche, die solche Spiegelungen ermöglicht, ist durch reine Lackierarbeit nicht zu erreichen. Diese glasartige Oberfläche entsteht wie bei einem Kon-

zertflügel durch aufwändige nachträgliche Schleif- und Polierarbeit. Aber Vorsicht! – nur sehr geübte und handwerklich begabte Selbermacher sollten diese Aufgabe angehen.

Als erstes braucht man eine genügend starke Lacksubstanz, um eine perfekt glatte Oberfläche zu erreichen. Sodann müssen durch vorsichtiges Schleifen alle Unebenheiten und Strukturen vollständig entfernt werden. Schließlich entsteht nur

Der Normalfall: unbearbeitete, strukturierte Lackoberfläche mit der üblichen Spritzstruktur, Lacknarbung bzw. Orangenhaut

Hier nun durch Schleifen perfekt geglättete und strukturlose Lackoberfläche

auf einer spiegelglatten Wasseroberfläche das perfekte Spiegelbild. Sobald sich – um bei diesem Beispiel zu bleiben – etwa durch Windeinwirkung auch nur feinste Wellen bilden, ist das Spiegelbild zerstört und weicht einem Schatten. Daran kann man erkennen, wie wichtig eine in mehreren Schichten perfekt plangeschliffene Lackoberfläche für das spätere Lackfinish ist.

Im vorhergehenden Abschnitt „Strukturangleichung" ist ja schon die grundlegende Technik des Schleifens und Polierens beschrieben worden. Für diese Aufgabe ist, wie bereits erwähnt, eine ausreichend dicke Lackschicht sehr wichtig, damit bei den späteren Schleif- und Polierarbeiten die Grundierung nicht zum Vorschein kommt. Profis benutzen daher ein Lackstärken- oder Schichtdickenmessgerät, um die Lacksubstanz auf allen Karosseriebereichen des Fahrzeuges sicher bestimmen zu können.

Bei dem perfekt polierten Endergebnis ist die klare und nicht verzerrte Spiegelung der Arbeitslampen zu erkennen

Schritt 1 – vorsichtiges grobes Vorschleifen mit 1200er Nassschleifpapier

Schritt 2 – der feinere Vorschliff mit 1500er Papier zur kompletten Strukturentfernung

Schritt 3 – das feine Nachschleifen dient der Entfernung tieferer Spuren des Vorschleifens, und wird mit 2000er oder 2500er Papier ausgeführt

Nun folgt das Aufpolieren der geschliffenen Lackoberfläche – zuerst mit der Schleifpaste, dann der feineren Schleifpolitur und zuletzt der Hochglanzpolitur

Wer schon einmal eine perfekt geschliffene und polierte Lackoberfläche gesehen hat, wird deren Tiefenglanz nicht mehr vergessen. Um ein solches Ergebnis zu erreichen, sollte man erst einmal an einem alten Karosserieteil das Schleifen und Polieren üben. Hierfür als ersten Schritt ohne Druck mit 1500er Papier die Struktur grob plan schleifen. Im zweiten Schritt dann mit 2000er Papier diagonal nachschleifen. Das Nassschleifpapier sollte dabei um einen Nassschleifklotz aus Moosgummi gelegt werden.

Ist nun die matte Oberfläche nach dem Trockenreiben perfekt strukturlos und hat keine glänzenden Vertiefungen mehr, kann mit dem Vorgang des Aufpolierens begonnen werden. Beachten Sie dabei, dass sowohl beim Schleifen als auch beim Polieren die Kanten- und Eckenbereiche meist eine geringere Lackstärke aufweisen und schnell durchgeschliffen bzw. -poliert sind. Wer bei solchen „Trockenübungen" bereits an einer alten Tür als Testobjekt Probleme bekommt, sollte nicht an seinem Fahrzeug Hand anlegen und möglicherweise den Lack ruinieren. Mittlerweile gibt es in Deutschland aber eine ganze Reihe von Profis, die eine solche extreme Oberflächenveredelung beherrschen und durchführen. Dort kann man sich zumindest Rat einholen, oder auch nur mal den einen oder anderen brauchbaren Tipp.

Das Ergebnis perfekter Vorarbeit

Die Lackpflege bei Oldtimern sollte stets sehr gewissenhaft und sensibel durchgeführt werden. Es ist sehr wichtig, sich bereits im Vorfeld Gedanken über den richtigen Oberflächenschutz und die Häufigkeit seiner Anwendung zu machen. Am Ende soll schließlich ein perfektes und dauerhaft glänzendes Ergebnis stehen.

Bevor wir uns mit Lackschutzmitteln und der richtigen Auftragstechnik beschäftigen, sollten wir herausfinden, welche Art Lack die Karosserie schützt. Handelt es sich um eine originale Werkslackierung, oder wurde das Fahrzeug schon einmal restauriert? Wenn nachlackiert wurde, wäre es wichtig zu erfahren, wann diese Lackierung aufgetragen wurde.

Zum besseren Verständnis im Folgenden ein paar Daten und Fakten zur Fahrzeuglackierung und Lackarten der letzten Jahrzehnte. Um 1900 wurden im Bereich der Kutschen und Fahrzeuglackierungen überwiegend Schelllacke und Japanlacke verarbeitet. Danach, zur Zeit des Ersten Weltkriegs, kamen Nitrocellulose-Lacke zum Einsatz. Am Ende der 20er-Jahre kamen dann die ersten Acrylharzlacke auf den Markt, die man später auch Kunstharzlacke nannte. Bis in die 30er- und teilweise in die 40er-Jahre hinein wurden alle Fahrzeuglacke mit dem Pinsel aufgetragen und meist auch noch sehr aufwändig geschliffen und aufpoliert. Erst danach kam das Lackieren mit der Spritzpistole auf. In den Fünfzigern waren es dann die Kunstharzlacke, die an den Bändern der

Die Technik, mit zwei unterschiedlichen Tüchern zu polieren, bringt verschiedene Vorteile. Das Baumwolltuch mit grober Schlaufe entfernt sicher und schonend das Gros der angetrockneten Wachsschicht und das zweite weiche Mikrofasertuch entfernt sicher, was das erste Tuch zurückgelassen hat.

Das Nachreiben mit einem sauberen Mikrofasertuch bringt den perfekten Glanz und nimmt die letzten Rückstände und Öle auf, die sonst das Anhaften von Staub auf der polierten Oberfläche begünstigen.

Automobilindustrie eingebrannt wurden. Die 60er-Jahre wurden dann durch die ersten Zweikomponentenlacke geprägt.

Eines hatten und haben alle Lackoberflächen jedoch gemeinsam. Sie müssen, wenn man sie erhalten will, geschützt und konserviert werden. Schließlich werden alle Fahrzeuglacke nach der Trocknung bereits in den Werken aus gutem Grund mit Schutzwachsen behandelt, um Transport und Standzeiten im Freien schadlos zu überstehen. Es ist daher äußerst wichtig, selbst neuen Lacken einen Schutz zu geben und Sie zu konservieren. Ungeschützte Lackflächen werden anderenfalls von Industrieablagerungen, Abgasen und anderen Umwelteinflüssen angegriffen. Das Lackharz wird dann mit der Zeit matt und stumpf und lässt sich auch durch eine Fahrzeugwäsche nicht mehr wirklich reinigen. Auf einer solchermaßen bewitterten Lackoberfläche können sich auch Baumharze und Vogelkot festsetzen und dort tiefgehende Spuren hinterlassen.

Intelligent konservierte Lackoberflächen bieten zudem die beste Basis, wenn eine gründliche

Auf restaurierten Oberflächen den Langzeitlackschutz mit einem weichen Schwämmchen ohne Druck in geraden Bewegungen auftragen

Aufarbeitung ansteht, denn mit den Jahren matt gewordene, bewitterte Lacke müssen durch relativ aggressive Polituren und Lackreiniger abgetragen werden, was zur Verringerung der Lacksubstanz führt. Deshalb sollten zur regelmäßigen Pflege über die Jahre nur schleif- und poliermittelfreie Lackschutzprodukte auf gesäuberten Oberflächen eingesetzt werden. Sogenannte Kombiprodukte, die den Lack zugleich reinigen und schützen, können beides nur zum Teil, aber sie tragen bei jeder Anwendung Lacksubstanz ab – bei solchen Pflegemethoden wird irgendwann unweigerlich das blanke Blech zum Vorschein kommen.

Deshalb zur Pflege aller betagten Lackoberflächen und Originallacke unbedingt nur Wachse mit reichlich natürlichen Ölen einsetzen. Diese – ohne Druck und mit einem weichen Schwämmchen gleichmäßig aufgetragen – nähren den Lack, stellen seine Flexibilität und den Tiefenglanz wieder her. Den Wachs nach dem Auftragen gut antrocknen lassen und mit einem extraweichen, langschlaufigen Baumwollfrotteetuch den Überstand abtragen und die Oberfläche aufpolieren. Lackoberflächen, die in regelmäßigen Abständen so bearbeitet werden, können über viele Jahre erhalten werden und verspröden nicht. Steht das Fahrzeug im Sommer häufiger in der Sonne, verdunsten die Öle (wie auch bei Leder), und der Lack muss dann in kürzeren Abständen wieder nachbehandelt und gewachst werden.

Allgemeine Anwendungstipps

Ob natürliche Canauberwachse, synthetisch unterstützte Wachse oder moderne Polymerlackschutzmittel – alle sollten immer mit den weichsten verfügbaren Arbeitsmitteln ohne Druck und in geraden Putzbewegungen aufgetragen werden. Diese Arbeitstechnik vermeidet die Entstehung kreisförmiger Haarlinienkratzer, die so genannten Holografie-Effekte. Auch darf man solche Produkte nie in der prallen Sonne und auf heißen Lackoberflächen einsetzen, denn das führt zur Verdampfung von Ölen und Lösemitteln. Das Produkt lässt sich dann nicht mehr leicht und gleichmäßig auftragen und bildet Schatten auf der Lackoberfläche. Also grundsätzlich auf kühlen Oberflächen, aber nicht unter 15 Grad arbeiten, weil dann Wachse, Polymere und Polysiloxane nicht aushärten und schwierig aufzupolieren sind. Im Winter, bei niedrigen Temperaturen und hoher Luftfeuchtigkeit, wird es also kaum gelingen, ein Lackschutzmittel spurenfrei und ohne Schlieren auf- und abzutragen. Es bleibt zudem in seiner Struktur zu weich und wird bei anfälligen Wagenwäschen allzu schnell entfernt.

Moderne Reparaturlacke, wie sie zum Beispiel bei einer Restaurierung zum Einsatz kommen, können auch wirkungsvoll mit moderneren Lackschutzmitteln gepflegt werden. Sie beinhalten zumeist Polymere und künstliche Wachse, besitzen recht gute Standzeiten und schützen daher über mehrere Monate effektiv vor Witterungseinflüssen. Auch sie werden – wie die Wachse – mit einem weichen Schwämmchen ohne Druck in geraden Bewegungen dünn aufgetragen. Diese Lackschutzmittel lassen sich, wenn sie durchgetrocknet sind, am besten mit einem weichen Mikrofasertuch spurenfrei abtragen und aufpolieren. Wirkungsvoller Lackschutz ist nicht zuletzt dann wichtig, wenn der Oldtimer viel bewegt wird, gelegentlich draußen steht und daher auch häufiger gewaschen wird.

6. Nassreinigung

Betagte und liebevoll gepflegte Lackoberflächen sehr schonend zu reinigen, erfordert viel Gefühl, die weichsten, sauberen Waschutensilien und eine schonende Waschchemie. Denn allzu oft entstehen durch falsch ausgeführte Fahrzeugwäschen Haarlinienkratzer und der schöne Glanz der gewachsten Oberfläche wird abgetragen. Das führt dann unnötigerweise wieder zu einer Lackpolitur und Wachsnachbehandlung, um den Glanzgrad wiederherzustellen und den Lackschutz zu restaurieren.

Bei der Nassreinigung alter, empfindlicher Fahrzeugoberflächen sollte man Folgendes stets beachten: Immer zuerst sehr gründlich losen Schmutz von oben nach unten abspülen. Weiterhin sollten nur absolut weiche Hilfsmittel wie z. B. Naturschwamm oder Wollhandschuh benutzt werden, um Haarlinienkratzer zu vermeiden. Gebrauchen Sie auch nur hochwertige Autoshampoos in geringer Dosierung im warmen Wasser – die Lackkonservierung und die Gummidichtungen Ihres Schmuckstücks werden es Ihnen danken.

Sehr wichtig für die spurenfreie Fahrzeugwäsche ist auch der Gebrauch von zwei Wascheimern; der eine gefüllt mit Seifenwasser, der andere mit klarem Wasser. Nach jeder Aufnahme von Seifenwasser wird bei der Wäsche, vor jeder erneuten Seifenwasseraufnahme, der Schwamm mit dem gelösten Schmutz im zweiten Eimer ausgespült. Dadurch bleiben Naturschwamm oder Wollhandschuh sauber und verursachen keine Lackbe-

Das benötigen sie für eine schonende Fahrzeugpflege

Mit reichlich Wasser und einem guten Shampoo gelingt es schonend

Fließendes Wasser ohne Druck entfernt Shampoo und Schmutz ohne Tropfenbildung

Bei einem so abgespülten Fahrzeug ist kaum noch etwas abzuledern

schädigung. Anschließend gründlich mit stumpfem Wasserstrahl aus dem Schlauch alle Seifenreste abspülen. Auf diese Weise läuft auf gut konservierten Oberflächen der Wasserfilm fast vollständig ab und man braucht kaum mehr abzuledern – was wiederum die Oberflächen schont. Ein Schlauch mit Sprühdüse verursacht dagegen Hunderte von Wassertropfen auf der Lackoberfläche, die dann nur mühsam mit dem Leder getrocknet werden können, wobei durch feinste Staub- und Sandpartikel stets die Gefahr der Bildung von Haarlinienkratzern gegeben ist.

! WICHTIG:

Verwenden Sie keine Spülmittel und starken Reiniger oder Shampoos für die Fahrzeugwäsche. Diese stark entfettenden Mittel entfernen sehr schnell Wachse und Konservierungsöle der Pflegemittel. Auch Gummidichtungen und Kunststoffoberflächen werden damit stark entfettet und schnell brüchig. Gleichfalls wird das Korrosionsschutzöl einer Metallpolitur unerwünschterweise sofort abgewaschen.

7. TROCKENREINIGUNG

Es mag überraschend klingen, aber unter Fachleuten im Messe- und Ausstellungsbereich ist unbestritten, dass die Trockenreinigung, sofern sie sorgfältig ausgeführt wird, die schonendere Variante ist, um Fahrzeugoberflächen von leichten Verschmutzungen zu befreien, d. h., nach einer Ausfahrt z. B. Insektenreste, Baumsäfte oder Fingerabdrücke spurenfrei zu entfernen. Aber auch der Belag durch Abgase und Straßenstaub wird mühelos und schonend, auch auf gewachsten Lackoberflächen entfernt. Somit ist einfach

Mit dem wachsgetränkten Baumwollbesen lassen sich sehr schonend Staub und loser Schmutz entfernen

Das Nachbehandeln mit einer Trockenwäsche bringt dann spurenlose Restreinigung und Hochglanz

und in wenigen Minuten das Fahrzeug von anhaftenden leichten Verschmutzungen gereinigt und kann abgestellt werden. Dabei sollte zuerst sehr vorsichtig mit einem wachsgetränkten Baumwollbesen aller loser Schmutz und Sandpartikel entfernt werden. Der zweite Schritt ist die Nachreinigung mit einer sogenannten Trockenwäsche und einem sehr weichen, langfaserigen Baumwoll- oder besser noch Mikrofasertuch. Durch leichtes Aufsprühen eines Glanzgleitmittels und das Verteilen dieser Flüssigkeit werden leichte Schmutz- und Wasserränder sowie Fingerabdrücke gelöst. Jetzt wird das Tuch gewendet und nimmt den gelösten Schmutz mit der Flüssigkeit auf. Es entsteht eine glänzende, saubere, streifenfreie Oberfläche, deren Konservierung bei dieser Art der Reinigung in vollem Umfang erhalten bleibt.

! WICHTIG:

Nur leicht verschmutzte Fahrzeuge auf die hier beschriebene Art reinigen. Zunächst immer erst losen, gröberen Schmutz mit dem Staubbesen entfernen. Dann nur langfaserige, sehr weiche Tücher verwenden, die in der Lage sind, Schmutzpartikel und Insektenreste aufzunehmen, ohne die Oberfläche zu verkratzen.

II. Verdeck

1. REINIGUNG VON STOFFVERDECKEN

Stoffverdecke – ob alt oder neu – müssen immer sehr vorsichtig und gefühlvoll gereinigt werden. Grundsätzlich sollten durch gründliches Saugen loser Schmutz und Sandpartikel entfernt werden. Anschließend das Dach sorgfältig abspülen und dabei gleichmäßig nass machen. Bei alten Verdeckstoffen empfiehlt sich anschließend der Einsatz von Renovo-Reiniger, der mit einem weichen Pinsel aufgetragen wird und je nach Verschmutzungsgrad bis zu einer Stunde auf der Oberfläche einwirken kann. Anschließend das Dach leicht mit Wasser einsprühen und mit einer weichen Nylonbürste (Wichtig: harte Borsten beschädigen den Verdeckstoff und verschleißen den Faden!) in Faserrichtung shampoonieren. Dieser Vorgang kann bei der Grundreinigung eines alten Verdeckstoffes auch wiederholt werden. Immer

Zuerst gründlich saugen. Was dann noch an Fusseln am Verdeckstoff haftet, mit Kleberoller oder Klebeband entfernen

Bei alten und neuen Verdeckstoffen gilt grundsätzlich: Vor jeder weiteren Bearbeitung – zum Beispiel Färben oder Imprägnieren – alles komplett durchtrocknen lassen. Dann noch einmal gründlich absaugen und kleine Fusseln oder Flusen mit Kleberolle oder Klebeband entfernen. Ein gut imprägniertes, nur leicht verschmutztes Dach braucht bei der Fahrzeugwäsche zwischendurch nur mit klarem Wasser gereinigt zu werden. Bei stärkerer Verschmutzung haben sich auch Neutralseife oder Haarshampoo als milde Reinigung bewährt.

im Anschluss mit viel Wasser Schmutz und Shampooreste gründlich abspülen. Bei neuen Verdeckstoffen ist es vollkommen ausreichend, einen modernen Sprühreiniger (z. B. Ragg Topp) aufs nasse Verdeck aufzubringen. Anschließend auch hier mit der weichen Nylonbürste aufschwemmen lassen und nach ca. 15 min. gründlich abspülen.

2. VERDECKFÄRBUNG

Bei alten und verblichenen, aber in der Gewebestruktur noch festen, stabilen Verdeckstoffen empfiehlt sich eine Nachfärbung zur Farbauffrischung. Das in den Abbildungen zum Einsatz kommende System verklebt oder verhärtet den Stoff nicht und bringt optisch quasi neuwertige Ergebnisse in den Farben Schwarz, Dunkelblau

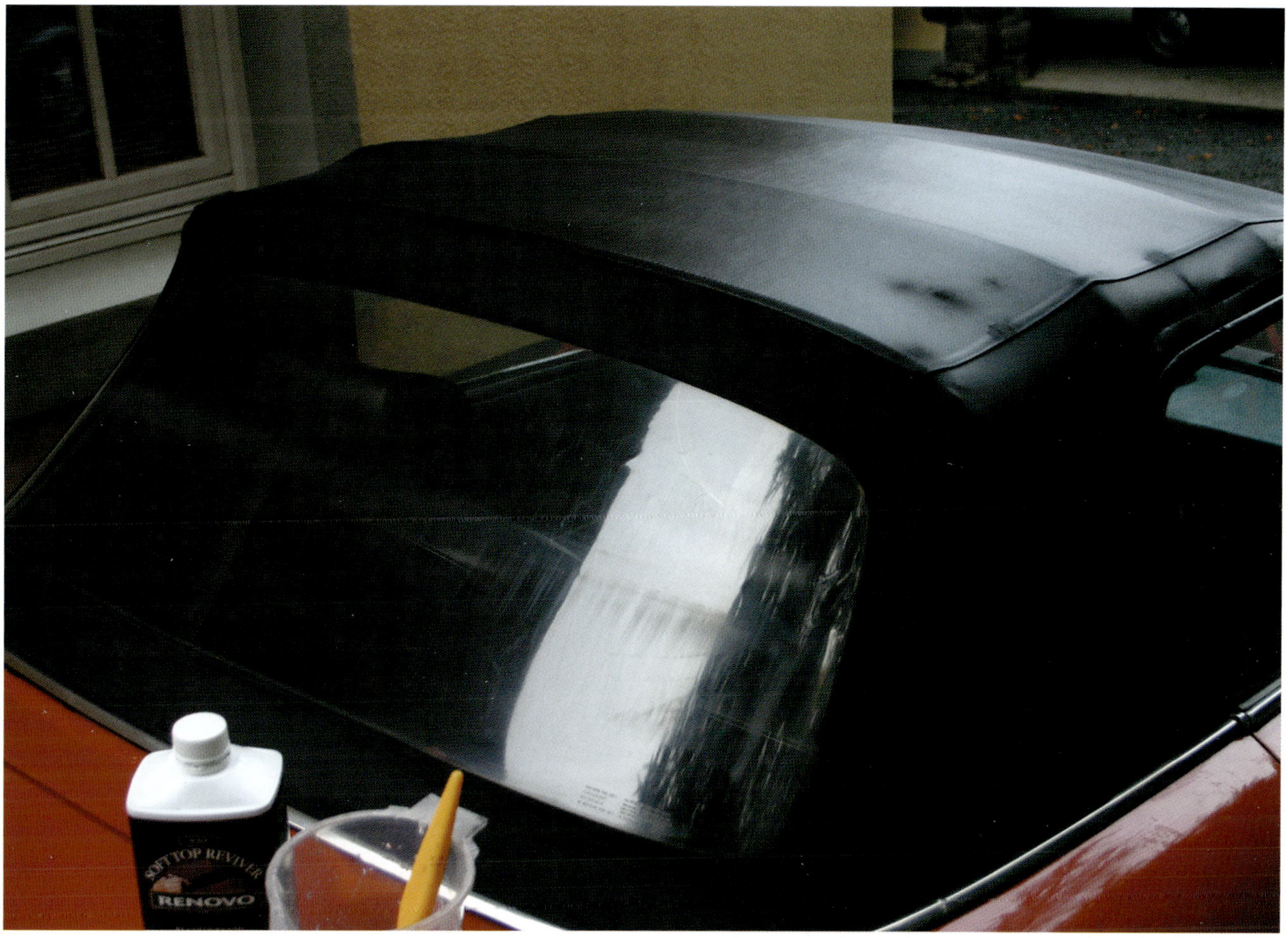

und Dunkelbraun. Dieses wasserbasierte Färbungssystem lässt sich einfach mit einem weichen Pinsel oder einer Schaumstoffwalze verarbeiten.

Das Dach muss vorher, wie bereits beschrieben, mit dem Grundreiniger gereinigt werden. Dabei werden Schmutz und Reste alter Imprägnierung entfernt. Das ist äußerst wichtig, um die Farbstoffe in den Faden eindringen zu lassen, und eine gleichmäßige Färbung zu gewährleisten. Sollten noch Öle oder Imprägnierreste im Gewebe vorhanden sein, weil nicht sorgfältig genug tiefengereinigt wurde, resultiert das zwangsläufig in einem nach dem Färbevorgang fleckig aussehenden Dach. Daher nur auf das gründlich gereinigte und getrocknete Verdeck mit Pinsel oder Walze die Tönung nass auftragen. Wenn etwas Farbe daneben tropft oder aus dem Verdeck läuft, reicht ein feuchtes Tuch aus, um sie von Lack- oder Glasoberflächen zu entfernen.

Anschließend das Dach komplett trocknen lassen und begutachten ob eine einheitliche Farbsättigung erreicht wurde. Bei stark ausgeblichenen Stoffen kann auch mal eine zweite Färbung nötig sein. Die kann sofort nach der Trocknung der ersten Schicht erfolgen. Ist danach ein schöner, gleichmäßiger Farbton entstanden, muss man das Dach mindestens eine Stunde trocknen lassen, bevor die schützende Imprägnierung aufgetragen werden kann.

WICHTIG:
Nicht nur ausgeblichene Verdeckstoffe können auf die beschriebene Weise gefärbt werden, sondern auch durch Vogelkot oder Chemikalien fleckig gewordene Verdecke lassen sich wieder in Schuss bringen.

3. VERDECKIMPRÄGNIERUNG

Die Imprägnierung eines Verdeckstoffes ist maßgeblich für die Lebensdauer und Schönheit des Cabriodachs zuständig. Aber nur wenige auf dem Markt befindliche Produkte sind in der Lage, Schmutz, Vogelkot und schädliche UV-Strahlen vom Verdeck fernzuhalten. Ein imprägnierter Stoff ist resistent gegen das Eindringen von Schmutz, Abgasrückständen, Baumharzen und Vogelkot. All diese Verschmutzungen lassen sich von einem geschützten Dach durch eine normale Fahrzeugwäsche mühelos entfernen. Auch ein wirksamer UV-Schutz ist wichtig, um ein Ausbleichen der Farbbestandteile und ein Altern der Verdeckstoffe zu vermeiden. Weiterhin muss das Produkt lösemittelfrei sein, um bei neueren Verdeckstoffen das Gummituch unter der Stofflage nicht zu zersetzen.

Grundsätzlich sollte eine Schutzimprägnierung nur auf ein sehr gründlich gereinigtes Verdeck aufgetragen werden. Bei alten Verdeckstoffen hat sich das Produkt Renovo in den letzten Jahren bewährt. Es wird einfach mit einem weichen Pinsel oder einer Schaumstoffwalze gleichmäßig nass aufgetragen und dichtet auch leichte Undichtig-

keiten an den Nähten ab.
Bei erneuerten Verdecken mit modernen Stoffmaterialien hat sich das Produkt Ragg Topp hervorragend bewährt. Es wird auch von den beiden führenden Verdeckstoffherstellern empfohlen und einfach auf das gereinigte Dach aus ca. 40 cm Entfernung in zwei bis drei dünnen Schichten aufgesprüht. Zwischen den Sprühaufträgen kann der Sprühnebel mit einem weichen Baumwoll- oder Mikrofasertuch einfach von Lack- und Glasflächen entfernt werden. Beide Produkte, gewissenhaft verarbeitet, schützen den Verdeckstoff wirkungsvoll über mehrere Monate bis hin zu einem Jahr – je nach der Häufigkeit von Fahrzeugwäschen und Regenfahrten.

Wer sein Cabriodach in regelmäßigen Abständen imprägniert, verlängert deutlich die Lebensdauer des Verdeckstoffes; zudem ist es einfacher zu reinigen und über Jahre hinweg farbintensiver.

4. REINIGUNG VON VINYLVERDECKEN

Die gründliche und trotzdem schonende Reinigung ist bei Vinylverdeckmaterialien besonders wichtig, weil durch falsche und zu scharfe Universalreiniger das Kunststoffmaterial angegriffen wird und frühzeitig versprödet. Verwenden Sie deshalb bitte nur Kunststoffreiniger, die auch die Weichmacher in der Folie nicht zerstören und trotzdem mit sehr guten Reinigungsergebnissen aufwarten.

Zuerst das Verdeck mit Wasser sorgfältig abspülen, um lose Schmutzreste und Sandpartikel zu entfernen. Dann einen hochwertigen Vinylverdeckreiniger, etwa von Renovo, mit einem Pinsel oder Schwämmchen auftragen. Diesen lässt man einwirken – bei leicht verschmutzten Dächern ca. 15 min lang – und trägt anschließend mit einem feuchten Schwamm den gelösten Schmutz und die Reinigerreste ab. Bei stark verschmutzten Dächern den Reiniger bis zu einer Stunde einwirken lassen und dann mit einer weichen Bürste und etwas Wasser den gelösten Schmutz entfernen. Mit einem weichen Baumwolltuch und etwas klarem Wasser nachreiben und das Verdeck anschließend vollständig trocknen lassen. Nach dieser Grundreinigung sollte man das Verdeck wieder gegen Umwelteinflüsse konservieren.

Den Reiniger mit Pinsel oder Schwämmchen auftragen, einwirken lassen und mit Bürste oder Schwämmchen und Wasser den gelösten Schmutz entfernen

5. KONSERVIERUNG V. VINYLVERDECKEN

Wer viele Jahre Spaß am Kunststoffverdeck seines vierrädrigen Lieblings haben möchte, muss dieses wirkungsvoll gegen Umwelteinflüsse und UV-Strahlen schützen. Zum einen greifen Chemikalien und Umweltschmutz das Verdeckmaterial an, zum anderen sind es UV-Strahlen, die den Weichmacher im Kunststoff zersetzen und schnell altern lassen. Die Folie versprödet, schrumpft und bleicht aus.

Um diesem zerstörerischen Alterungsprozess wirkungsvoll zu begegnen, muss die Kunststoffhaut langanhaltend geschützt werden. Der Verdeckkonservierer von Renovo zum Beispiel hat sich in den letzten Jahren hervorragend bewährt. Er bewahrt das Verdeck über mehrere Monate effektiv vor Bewitterungseinflüssen. Der Konservierer wird mit einem Pinsel oder Schwämmchen auf das gereinigte Vinylverdeck gleichmäßig dünn aufgetragen und ist nach ca. 30 min. getrocknet. Dieses lösemittelfreie, auf Wasserbasis aufgebaute Produkt verleiht allen Kunststoffverdecken und Planen monatelang einen wirksamen Schutz vor der UV-Strahlung.

Auf das gereinigte, vollständig trockene Verdeck den Konservierer mit weichem Pinsel oder Schwämmchen gleichmäßig auftragen und trocknen lassen

Ein auf diese Weise gereinigtes und geschütztes Verdeck hat wieder einen UV- und Bewitterungsschutz für mehrere Monate

III. Metalloberflächen

1. REINIGUNG UND PFLEGE VON METALLOBERFLÄCHEN

Metalloberflächen, zum Beispiel Chrom, Alu und Messing, müssen regelmäßig gepflegt werden, um Oxidationsschäden zu vermeiden. Dabei ist die Wahl des Mittels für die anschließende Ver-

siegelung für das Endergebnis und die Langzeitwirkung von entscheidender Bedeutung. Für bereits angegriffene und poröse Metall- und galvanische Oberflächen hat sich die 2-Schritt-Anwendung in der Vergangenheit bestens bewährt. Aber auch restaurierte Metalloberflächen wie z. B. der neue verchromte Kühlergrill muss wirksam gegen Bewitterung und Anlaufspuren geschützt werden, ohne dabei zu verkratzen.

Es ist daher sehr wichtig, alle Polituren und Metallreiniger vorher auf Ihre Eignung zu überprüfen. Immer erst die mildesten Produkte mit der geringsten Schleifwirkung ausprobieren, bevor man zu aggressiveren Mitteln greift, die in jedem Fall nachteilige Verkratzungen, selbst bei galvanischen Oberflächen, bewirken.

Chromteile

Zuerst einmal die zu reinigenden Oberflächen genau betrachten und den Grad der Bewitterung und/oder der Oxidation feststellen. Erst nach diesem Befund werden Poliermittel und Werkzeug ausgesucht.

Bei ganz leichter Bewitterung mit Anlaufspuren die mildeste Politur mit einem weichen Schwämmchen oder einem weichen, feuchten Baumwolltuch verarbeiten.

Bei stärkeren Oxidationsspuren und Flugrost ein stärker reinigendes Produkt mit einem grobschlautigen, trockenen Baumwolltuch verarbeiten, bis alle Anlaufspuren beseitigt sind.

Mit einem weichen Tuch und Chrompolitur Anlaufspuren und Flugrost entfernen

Nach dem vollständigen Austrocknen des Poliermittels mit sauberem Baumwolltuch nachreiben

500 K

Um die so mittels Poliermittel gereinigten Chromoberflächen länger vor erneuter Bewitterung und Flugrost zu bewahren, empfiehlt sich folgende Nachbehandlung: Etwas Glasreiniger aufsprühen und mit einem weichen Mikrofasertuch Öle und Poliermittelreste sorgfältig entfernen. Auf solchermaßen behandelten Oberflächen hält anschließend eine Polymerversiegelung oder ein Hartwachs, der die Metalloberflächen über viele Wochen und Wäschen vor erneutem Anlaufen schützt.

Auch neuwertiger Chrom sollte nur mit Glasreiniger entfettet und gleich mit Polymerversiegelung oder Wachs versehen werden.

! Wichtig:

Eine neuwertige galvanische Oberfläche nie mit einer groben Metallpolitur bearbeiten. Man kann anderenfalls schon nach nur einer Anwendung feine Haarlinienkratzer auf den Zierteilen erkennen.

Chromspeichenfelgen

Für Chromspeichenfelgen gibt es eine sehr effektive Putztechnik, um Anlaufspuren perfekt zu entfernen. Die abgebildeten getränkten Putzbänder werden einmal um jede einzelne Speiche gewickelt. Durch anschließendes Ziehen in beide Richtungen poliert das Band die Oberfläche der Speiche rundum. Nach dem Antrocknen des Poliermittels muss es nur noch abgestaubt werden – danach glänzt die Chromspeiche wieder in alter Pracht. Ein Streifen Baumwolle kann anschließend für das Auftragen einer Konservierung benutzt werden.

Alte, poröse Chromoberflächen schützt man nach dem Polieren am Besten durch Einsprühen mit Waffenöl (z. B. Ballistol), wodurch erneuter Flugrostbefall verhindert wird. Die gleiche Arbeitstechnik ist auch ideal, wenn es um vorbeugenden Schutz bei langen Standzeiten oder die Überwinterung des Fahrzeugs in feuchten Garagenräumlichkeiten geht.

Mit dem Polierband ist eine perfekte Rundumreinigung möglich

Flächige Anlaufspuren können auch schonend mit der getränkten Polierwatte entfernt werden

Alle angetrockneten Oxidations- und Poliermittelreste mit einem Baumwolltuch sorgfältig entfernen

Auf einem Abfallstück rohen Aluminiums können mit dem Finger verschiedene Metallpolituren auf die Wirksamkeit (d.h. Aggressivität) ihrer Polierwirkung getestet werden

Durch druckvolle kleine, kreisende Bewegungen mit einer stärkeren Politur lassen sich gröbere Anlaufspuren entfernen

Durch weniger Druck und größere Kreisbewegungen mit einer sehr milden Politur können feinste Spuren entfernt und der Glanzgrad gesteigert werden

Aluminium

Die Reinigung und Restaurierung von Aluminiumoberflächen erfordert etwas mehr Geduld, denn teilweise müssen tiefe Kratzer, Macken oder Oxidationsspuren aus der Oberfläche geschliffen werden. Aber wie schon bei Chrom sind Polituren mit grobkörnigen, aggressiven Schleifmitteln nur dann einzusetzen, wenn die zu bearbeitende Oberfläche sehr stark bewittert oder bereits massiv abgeschliffen ist.

Um zu prüfen, welche Metallpolitur in ihrer Wirkung milder oder stärker ist, gibt es einen einfachen Test. Geben Sie einen Tupfer oder Tropfen der verschiedenen Metallpolituren auf etwas unbehandeltes Aluminium. Verreiben Sie ihn anschließend mit dem Finger in kreisrunden Bewegungen (ca. 10 mal), und sie werden feststellen, dass die Mittel eine unterschiedliche Schwärzung hervorrufen. Die geringste Abriebschwärze entsteht bei dem mildesten Mittel. Dieser kleine Test versetzt sie nun in die Lage, die Wirkungsintensität unterschiedlicher Produkte selbst zu beurteilen.

Nun aber zur Anwendung. Tiefe Kratzspuren können mit feinsten Nassschleifpapieren der Körnungen 800 bis 2000 und etwas Öl als Gleitmittel vorsichtig ausgeschliffen werden. Die tiefsten Riefen dabei zuerst mit gröberem Papier entfernen

Bei diesen weichen Buntmetallen reichen die mildesten Polituren und weichsten Tücher, um perfekte Ergebnisse zu erzielen

und – Schritt für Schritt immer feinere Körnungen nutzend – nachschleifen. Das nach dieser Prozedur am Schluss verbleibende feine Schleifbild kann dann mit einer wirkungsvollen Alupolitur perfekt auspoliert werden. Wendet man in der Folge nun eine noch feinere Alu-, Metall- oder Messingpolitur an, wird der Glanz immer weiter gesteigert, und selbst feinste Spuren in der Oberfläche verschwinden.

(Für Ratschläge zum Langzeitschutz siehe den Abschnitt Metallpflege.)

Durch die Oberflächenreinigung mit einem Glasreiniger und einem Mikrofasertuch werden alle Öle, die die Haftung eines Langzeitschutzmittels verhindern, entfernt

Nur mit sehr weichen, sauberen Tüchern und einer Versiegelung sollten Metalloberflächen gegen schnelles Wiederanlaufen und Oxidation geschützt werden

Superfeines Metallpoliermittel für Messing und Bronze

Wirksames Aluminium-Poliermittel

Silikonfreies Chrom- und Edelstahl-Poliermittel

Messing, Bronze und Kupfer

Diese Weichmetalle lassen sich genau wie Aluminium ausbessern und polieren. Da diese Metalle noch weicher sind, können bei der Bearbeitung die mildesten Polituren eingesetzt werden. Auch sollte das Polieren mit weichen Baumwolltüchern und ohne großen Druck erfolgen, um Polierspuren zu vermeiden. Auch hier kann durch Nachbehandeln *(siehe den Abschnitt Metallpflege)* ein Langzeitanlaufschutz aufgebracht werden.

2. ANLAUF- UND OXIDATIONSSCHUTZ

Um bei gereinigten und polierten Metalloberflächen einen Anlauf- und Oxidationsschutz perfekt aufzutragen, empfiehlt sich folgendes Vorgehen. Nach jeder Politur muss die Oberfläche zunächst wieder gegen Bewitterung geschützt werden. Dazu wird sie zuerst mit einem Glasreiniger und einem weichen Mikrofasertuch sorgfältig gereinigt. Danach kann auch beim Chrom eine Polymerversiegelung oder ein Hartwachs als Oberflächenschutz aufgetragen werden.

Diese Maßnahme bewirkt, dass feinste Poren (z. B. bei angewitterten Chromoberflächen) auf-

Das klassische Chromputzmittel

gefüllt und verschlossen werden, damit sie nicht bei hoher Luftfeuchtigkeit und Regen wieder aufblühen und die Oberfläche mattieren. Es reicht auch meist bei Metalloberflächen aus, mit einem weichen Tuch und einem Lackschutzmittel ab und zu nachzukonservieren, um die Oberfläche wirkungsvoll und lang anhaltend zu schützen. Die abgebildeten Profipolituren besitzen von sich aus schon einen guten Anlaufschutz, der nur im Bedarfsfall oder zur Wirkungsverlängerung gelegentlich aufgefrischt werden muss.

Wirksame getränkte Polierbänder

3. REINIGEN UND PFLEGEN VON METALLFELGEN

Um die einmal mühevoll restaurierten oder aufpolierten Metallfelgen nicht durch unsachgemäße Reinigung zu schädigen, sollte man generell auf gute Oberflächenkonservierung durch Wachs oder Polymere achten. Nur mit milden rückfettenden Reinigern arbeiten. „Chemische Keulen" nur im äußersten Notfall einsetzen und dann anschließend die entfernten Konservierungen sofort erneuern. Aber wenden wir uns der mildesten Reinigungstechnik, bestehend aus rückfettenden Seifen (Neutralseife, Glycerinseife) und weichen mechanischen Bürsten zu. Dieses System ist der Garant für beschädigungsfreies Reinigen von galvanischen, lackierten Oberflächen. Zusätzlich bleibt die mühevoll aufgetragene Konservierung lange erhalten. Regelmäßiges mildes Reinigen lässt Verschmutzungen gar nicht erst fest brennen und erspart die Anwendungen aggressiver Felgenreingier. Die Bandbreite von Verschmutzungen auf Rädern ist groß, von verstaubten bis hin zu verkrusteten und eingebrannten Oberflächen findet sich alles. Das Entstauben von Rädern wird vorzugsweise mit Druckluft und weichen rotierenden Naturhaarbürsten im Akkuschrauber bewerkstelligt. Wenn anschließend nötig, nur mit klarem Wasser nachspülen und Räder wieder trocknen. Beim Waschen sollten Sie nur jedes Rad einzeln bearbeiten, um das Antrocknen von gelöstem Schmutz und Reinigern zu vermeiden. Zuerst einmal Vorreinigen mit einem starken Wasserstrahl, um losen Schmutz- und Bremsstaub abzuspülen und den verbleibenden Schmutz vorzuweichen. Achtung!: Mit Hochdruckreinigern beim Abspritzen von Speichenfelgen der Oberfläche nicht zu nahe kommen. Der harte Wasser-

strahl ist in der Lage, an den Schraubsockeln der Speichen in das Felgenbett einzudringen und dort bis zum nächsten Reifenwechsel zu verbleiben. Außerdem ist derartig druckvoll auftreffendes Wasser in der Lage, Konservierungsöle, Metallschutzmittel und Wachse zu entfernen.
Die weitere milde Reinigung sollte nach dem Vorreinigen abschnittsweise mit den weichen Bürsten und etwas Seife begonnen werden. Dort haben sich in den letzten Jahren die kleinen rotierenden Bürsten für Akkuschrauber bestens bewährt. Diese mechanischen Hilfen sind in der Lage, mit milden Reinigern rund um die Speichen im Felgenbett bis in die Tiefe und auf der Rückseite gründlich zu reinigen. Nur wenn Seifen mit dieser schonenden Methode keine gründliche Reinigung bewirken können, milde chemische Felgenreiniger einsetzen, die gleichmäßig verarbeitet werden.
Am Besten sprüht man den Felgenreiniger auf die rotierende Bürste. Damit wirken Chemie und mechanische Reinigungskraft in idealer Kombination und nur dort, wo der Reiniger auch benötigt wird. Sprühnebel von Reinigern, der sich unkontrolliert überall festsetzen kann, entsteht so erst gar nicht.
Während der Verwendung von Felgenreinigern zwischendurch die bereits bearbeiteten Stellen mit Wasser abspülen. Achtung!: Bei Felgenreinigern die maximale Einwirkzeit beachten, damit es nicht zu gravierenden Schäden auf der Oberfläche kommt. Die wirklich gründliche Reinigung wird 1 – 2 mal pro Jahr am demontierten Rad vorgenommen, wobei es dann auch möglich ist, die Rückseite perfekt zu reinigen und anschließend zu konservieren. Eine Langzeitversiegelung kann die Felgen über eine ganze Saison schützen. Bremsabrieb hat kaum noch Chancen, sich auf diesen Oberflächen festzusetzen.

4. AUFFRISCHEN VON BLINKER- UND RÜCKLICHTGLÄSERN

Ausgeblichene und spröde Blinker- und Rücklichtgläser können farblich wieder aufgefrischt werden. Dazu muss in einem ersten Schritt festgestellt werden, ob der Kunststoff noch tiefenbrillant und ohne Facettenbrüche ist.

Ein gut erhaltener Kunststoff kann von außen mit einer Plexiglas-Politur perfekt aufpoliert und anschließend mit einer Lackversiegelung geschützt werden. Danach wird die Innenseite mit einer Zahnbürste und lauwarmem Wasser mit ein wenig Spülmittel gründlich gereinigt und entfettet. Danach gut abspülen und trocken fönen, damit der transparente Farblack in dünnen Schichten bis zum gewünschten Farbton aufgesprüht

Zuerst das Blinker- oder Rücklichtglas gründlich reinigen und anschließend mit einer Acryl- und Plexiglas-Politur sorgfältig die Gebrauchsspuren entfernen

Gut erhaltene, aber ausgeblichene Gläser von innen und versprödete Gläser von außen dünn lackieren. Bei kleineren Gläsern ist eine Airbrush-Pistole die bessere Wahl, bei größeren eine Dekor-Pistole

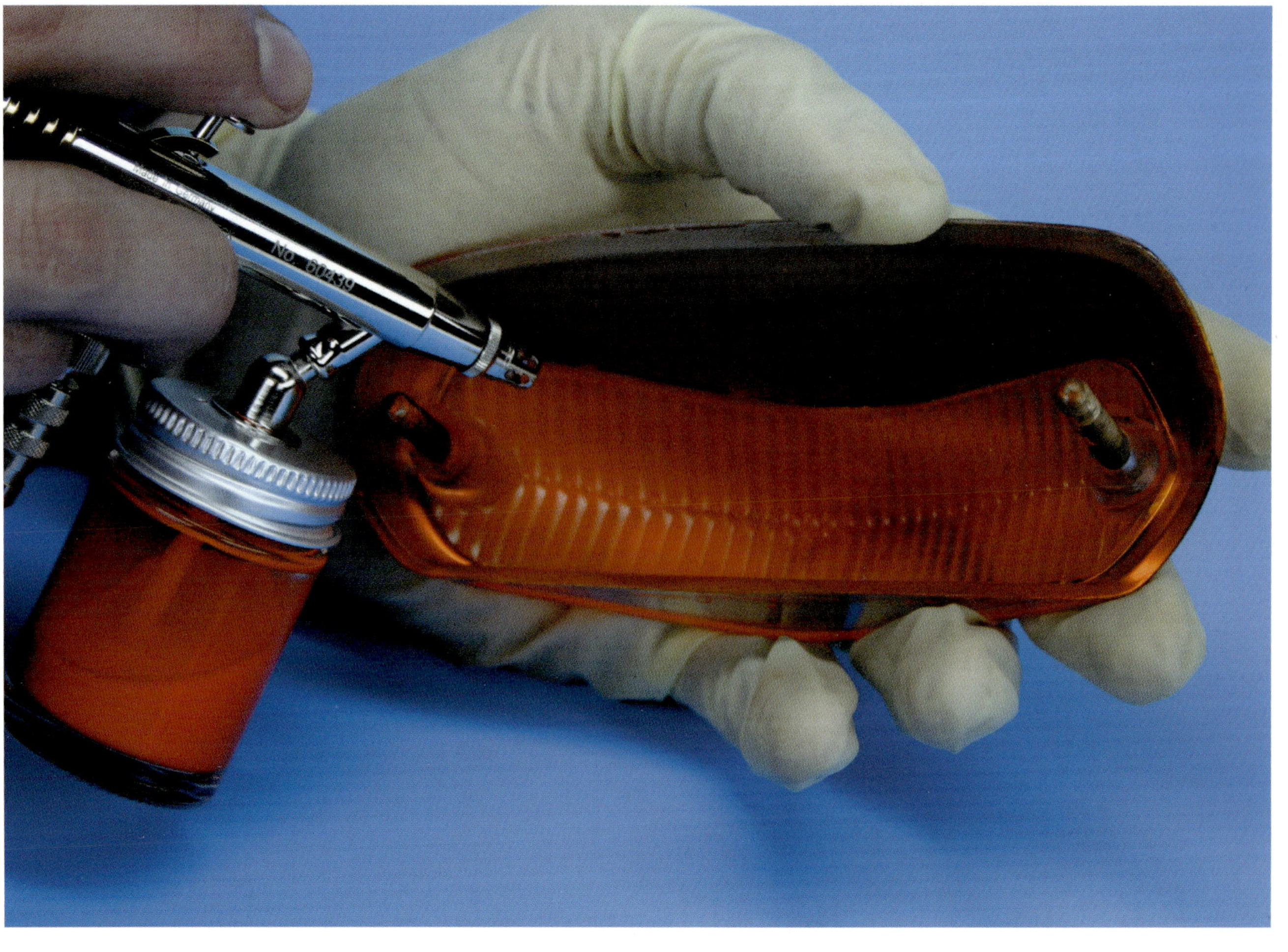

Hier ist der Unterschied vorher/nachher gut zu erkennen. Der transparente Farblack versetzt das alte Blinkerglas wieder in einen akzeptablen straßentauglichen Zustand zurück

werden kann. Nach dem Aufbringen jeder dünnen Schicht trocken fönen, um Laufspuren der Lackschicht im Blinker- oder Rücklichtglas zu vermeiden. Bei kleinen Gläsern eignet sich eine Airbrush-Pistole am Besten zum gefühlvollen Auftragen der Farblasur, bei größeren Flächen oder beim Sprühen von außen kommt vorzugsweise eine Dekor-Pistole zum Einsatz.

Bei stark gealterten Gläsern mit Facettenbrüchen wird die transparente Farblasur von außen aufgetragen. Auch hier wird die Oberfläche zunächst gründlich gereinigt und (mit Reinigungsbenzin) entfettet und anschließend mit einem feinen Schleifpad matt geschliffen. Danach gründlich abstauben und in dünnen Spritzgängen, diesmal von außen, überlackieren, bis der Farbton einem neuen Blinker- (orange) oder Rücklichtglas (rot) gleicht. Anschließend muss von außen ein Klarlack des gleichen Lacksystems überlackiert werden, um die Lasurschicht vor Witterungseinflüssen und UV-Ausbleichung wirkungsvoll zu schützen. Dann über Nacht trocknen lassen, gegebenenfalls leicht überpolieren und wieder einbauen.

Auf diese Weise restaurierte Blinker- und Rückleuchtengläser, die wieder farbintensiv ihren Dienst tun, werden auch ohne Beanstandung den TÜV passieren. Übrigens: Durch das Überlackieren von außen verschwinden auch die feinen Risse im Kunststoffmaterial. Die hier verwendeten Materialien stammen von Metalflake.

IV. Lederausstattung

1. WISSENSWERTES ÜBER OLDTIMER-LEDER

Der besondere Charakter einer alten Lederausstattung besteht aus Optik (Patina), Geruch und Griff des Leders. All dies ist nicht mit einer neuen Lederausstattung zu vergleichen. Um ein solches altes Leder zu erhalten, aufzufrischen oder zu färben, ist es sehr wichtig, einige Fakten über Leder zu kennen.

Fast alle Autoleder waren bis in die 50er-Jahre oder – je nach Hersteller – zum Teil sogar bis in die 70er-Jahre hinein pflanzlich gegerbt. Dies erkennt man einfach daran, dass das Leder nicht durchgefärbt ist, sondern seine Innenseite ein naturfarbenes Braun zeigt. Die Oberflächen wurden jeweils mit Nitrolacken lackiert oder, wie es in der Fachsprache heißt, zugerichtet. Diese Lacke sind von Natur aus hart, also werden sie mit Weichmachern (Öle) flexibel gemacht. Diese Weichmacher oxidieren mit der Zeit und bilden Haarrisse, die sich nach und nach zu sogenannten Trockenbrüchen entwickeln.

Diese pflanzlich gegerbten alten Leder sind zudem besonders wasser- und hitzeempfindlich. Daher Vorsicht! – Wasser ist der Feind von altem Leder. Vermeiden sie es daher unter allen Umständen, das Leder bei der Reinigung nass zu machen. Verwenden Sie nur feuchte Schwämme mit Reinigungsschaum. Auch Hitze schadet altem Leder nachhaltig. Deshalb bitte niemals Leder in der Sonne reinigen. Es würde nur unnötig hart werden und – schlimmer noch – sogar schrumpfen.

Autoleder neueren Datums wurden und werden für die Bedürfnisse der Fahrzeugindustrie chromgegerbt und mit modernen Lacksystemen zugerichtet (lackiert). Diese sind weitaus leichter und unproblematischer zu reinigen als die pflanzlich gegerbten Leder und deshalb meist in restaurierten Fahrzeugen und Youngtimern zu finden.

Die strukturierte Oberfläche eines Ledersitzes unter dem Mikroskop

2. LEDERREINIGUNG

Bevor wir eine alte Lederausstattung pflegen oder restaurieren können, sollte mit viel Sorgfalt eine schonende, aber sehr gründliche Reinigung erfolgen.

Der erste Schritt einer perfekten Reinigung ist das gründliche Absaugen von losem Schmutz und Sandpartikeln. Mit einer weichen (!) Bürste können zusätzlich aus Falten und Nähten während des Saugens Fremdpartikel gelöst werden. Das ist sehr wichtig, weil diese losen Partikel bei der Reinigung die Farbschicht mechanisch abschleifen können.

Nach dem gründlichen Absaugen der Oberfläche können wir uns der eigentlichen Reinigung widmen. Dabei sollte, je nach Grad der Verschmutzung, die Reinigungschemie verwendet werden. Es sollte immer erst eine milde Variante getestet werden, bevor man stärkere Reiniger einsetzt. Milde Reiniger schonen Leder und Farbschicht, starkere Reiniger konnen bei alten Farb-

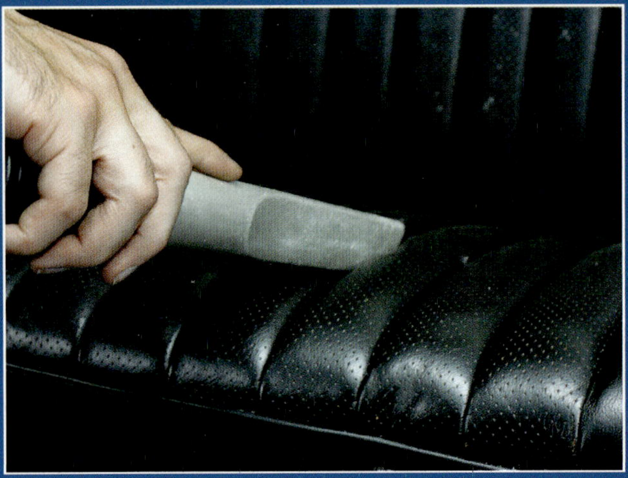

Der erste Schritt jeder Lederreinigung ist gründliches Absaugen loser Schmutzpartikel

Etwas leistungsstärker sind die chemischen Reiniger (es gibt milde und stark wirkende Produkte) – sie sind auch auf empfindlichen Glattledern wirkungsvoll

Die milde, schonende Reinigung mit glyzerinreicher Lederseife für leichte Verschmutzung

Wichtig bei der Lederreinigung: Nur auf kleinen Sektionen den Schmutz lösen und sofort mit einem weichen Tuch entfernen, bevor der gelöste Schmutz in das Leder eindringen kann

Lederseife mild – glyzerinreiche Seife zur schonenden Schmutzentfernung

Lederreiniger mild – zur schonenden, aber gründlichen Lederreinigung

Lederreiniger stark – kraftvoll besonders bei älteren und hellen Ledern

schichten Ablösungen von Farbpigmenten hervorrufen. Also erst einmal einen milden Reiniger auf ein sauberes feuchtes Schwämmchen geben, durch Kneten des Schwämmchens Schaum bilden und an einer verdeckten Stelle ausprobieren. Entsteht ein klares Bild und ist beim Nachreiben mit einem weichen Baumwolltuch gelöster Schmutz sichtbar, kann das milde Produkt eingesetzt werden.

! WICHTIG:

Bei Reinigung einer dreidimensionalen Lederoberfläche immer eine feuchte Bürste oder einen Schwamm einsetzen, und mit einem langfaserigen Baumwolltuch den gelösten Schmutz aus der Strukturoberfläche gründlich entfernen. Denn gelöster Schmutz, der nicht umgehend entfernt wird, kann ins Leder einziehen.

Die auf beschriebene Art gründlich gereinigte Lederoberfläche ist nun bereit für die Aufnahme eines Pflegemittels.

3. SCHIMMELENTFERNUNG

Manche Fahrzeuge werden in feuchten Garagen abgestellt, und es entstehen – beinahe unvermeidlich – Beläge und unangenehme Gerüche der Lederausstattung. Meistens handelt es sich dabei um Schimmel, der tiefgehend entfernt werden muss, um das Leder langfristig zu erhalten und für die Fahrzeuginsassen ein gesundes Raumklima

(Schimmelsporen!) wiederherzustellen.

Dazu muss das Leder nach dem Absaugen gründlich mit einem starken Lederreiniger abgerieben werden. Nach dieser sorgfältigen Reinigung wird das Leder ein- bis zweimal mit verdünnter Essigessenz (1 Teil Wasser : 1 Teil Essenz) nachbehandelt bzw. abgerieben. Das Absäuern

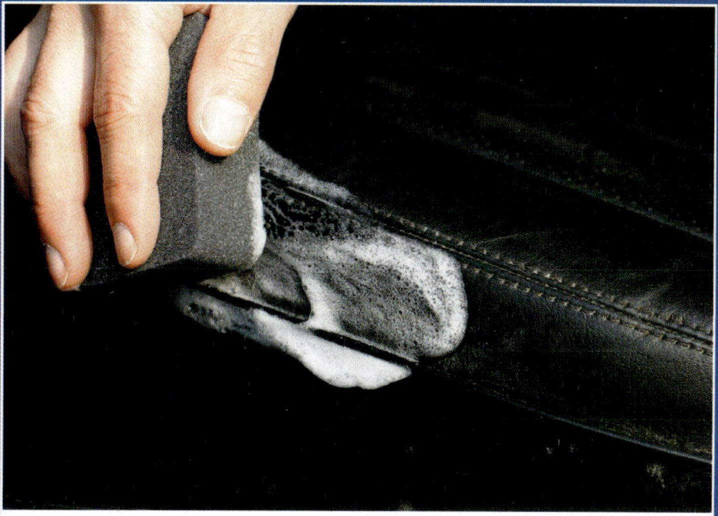

Gründliches Reinigen mit starkem Lederreiniger entfernt sicher Oberflächenanlaufspuren

Das Nachreiben mit verdünnter Essigessenz ist wichtig, um Schimmelsporen abzutöten, das Leder wirkungsvoll zu erhalten und wieder ein gesundes Raumklima herzustellen

Lederreiniger stark – wirkungsvolle, starke Grundreinigung

Essigessenz 1 : 1 mit Wasser gemischt entfernt Schimmelsporen

des Leders mit Essigessenz neutralisiert Gerüche und der pH-Wert (neues Leder hat einen pH-Wert von 3,5) wird günstig beeinflusst. Durch diesen Arbeitsgang werden Schimmelsporen getötet und neue können nicht mehr so leicht entstehen.

Anschließend muss das Leder wieder mit einem Pflegemittel konserviert werden. Sollten trotz gründlicher Reinigung aller Oberflächen im Fahrzeuginnenraum noch Gerüche vorhanden sein, kann zusätzlich ein Geruchsminderer eingesetzt werden. Wenn der gesamte Polsterkern von Schimmel durchsetzt ist, muss ein Sattler ihn erneuern.

4. FARBAUFFRISCHUNG

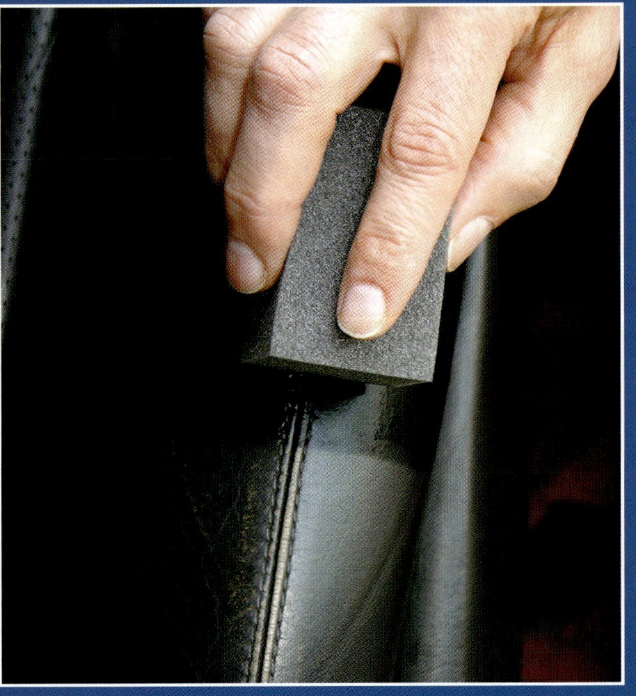

Durch Tupfen erst einmal Abriebstellen sättigen, und anschließend Einstiegskanten nachtönen

Bei alten Lederausstattungen wird der Zahn der Zeit auch an der Farbkraft des Leders genagt haben. Jahrzehntelange Lichteinwirkung, Abnutzungsspuren und sicher auch mangelnde Pflege führen hier unweigerlich zu Trockenbrüchen, Abschleifungen und anderen Schäden. Mit Hilfe der heute verfügbaren Techniken kann aber auch hier für Abhilfe gesorgt werden.

Zuerst das Leder gründlich säubern wie im entsprechenden Abschnitt beschrieben. Danach müssen sehr sorgfältig alte Wachse, Silikone und Pflegemittelreste mit einem Lederreinigungs- oder Feuerzeugbenzin und einem flauschigen Baumwolltuch entfernt werden. Das ist wichtig, um der Tönung sicheres Eindringen und Haften in der Oberfläche zu gewährleisten. Ist die Lederoberfläche derart vorbereitet, können eventuell notwendige Reparaturen, wie z. B. mit Flüssigleder, oder das vorsichtige Glätten einer rauen Stelle mit einem 600er Schleifpad durchgeführt werden *(siehe Abschnitt Lederfärbung)*.

Eine Lederausstattung mit Verschleißspuren vor der Reinigung und Farbauffrischung

Ein aufgeschäumter, starker Lederreiniger wird zur Grundreinigung wirkungsvoll eingesetzt

Anschließend noch einmal gründlich absaugen, und schon kann die Farbauffrischung beginnen. Mit einem weichen Schwämmchen in kleinen kreisenden Bewegungen das Lederfresh-Produkt sehr dünn auftragen und zwischendurch mit einem Fön trocknen. Wichtig dabei: Lieber 2 bis 3 dünne Schichten Pigment auftragen als das Leder einmal zu nass machen. Bei

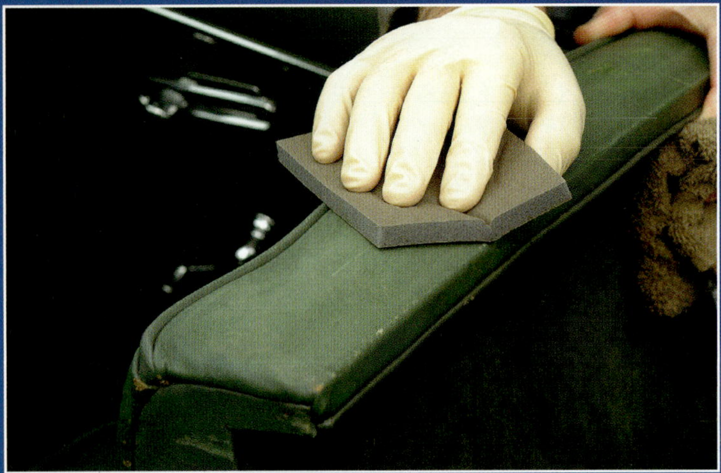

Raue und poröse Farbschichten können vorsichtig mit einem 600er Schleifpad geglättet werden

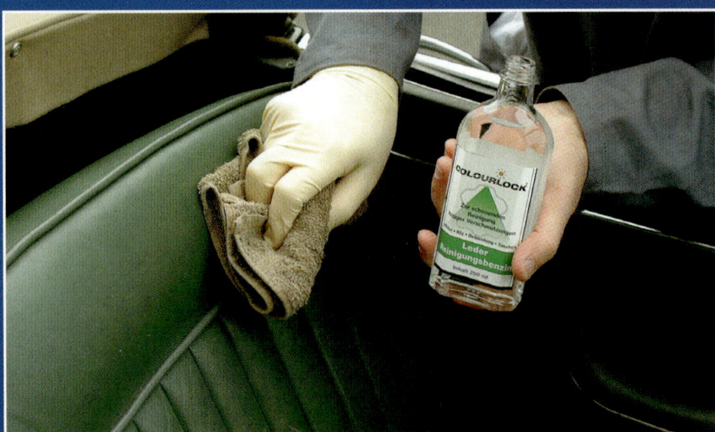

Anschließend die Lederoberfläche mit Reinigungsbenzin entfetten und von Pflegemittelresten befreien, um eine optimale Haftung der Farbpigmentierung sicher zu stellen

Mit getöntem Flüssigleder können Brüche und Beschädigungen aufgefüllt werden *(siehe Lederreparatur u. Färbung)*

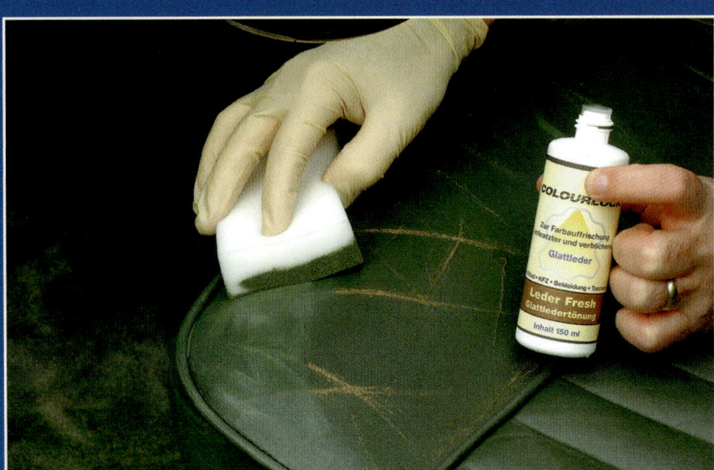

In dünnen Schichten mit einem Schwämmchen die Pigmentierung auftragen, bis die Oberfläche einheitlich gedeckt ist. Anschließend das getönte Leder mit Pflegemittel behandeln *(siehe Abschnitt Lederpflege)*

durchgeschliffenen Einstiegskanten sollte man zunächst etwas Tönung auftupfen, um eine optimale Farbsättigung der Abriebstelle zu erreichen. Durch den behutsamen Einsatz eines Föns kann der Trocknungsprozess zwischen dem Aufbringen der Schichten beschleunigt werden.

! Wichtig:

Die Tönung nur in kleinen Segmenten von Naht zu Naht auftragen und vollständig trocken fönen, bevor eine erneute Schicht aufgetragen wird.

Lederreinigungsbenzin – zur schonenden Entfernung von Ölen, Fetten und Pflegemittelresten

Leder Fresh – zur Farbauffrischung verkratzter und verblichener Glattleder

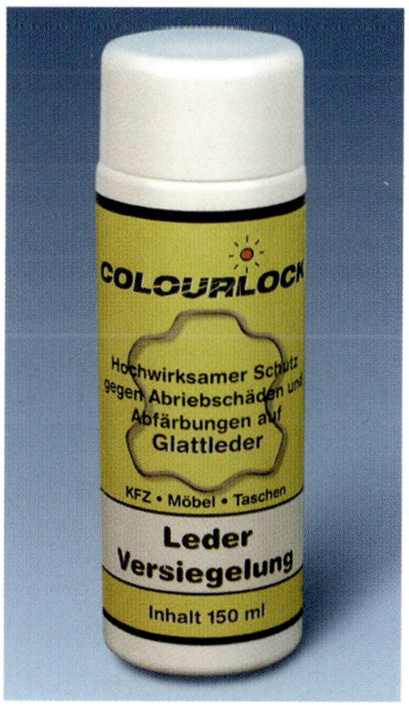

Lederversiegelung – dieses Produkt schützt stark beanspruchte Oberflächen und reduziert Abrieb und Verschleißspuren

Protektor – rückfettende Glattlederpflege mit UV-Schutz gegen Ausbleichen

Ist ein gleichmäßiger Farbton erreicht und die Tönung durchgetrocknet, sollte das Leder anschließend geschützt werden.

Die beschriebene Methode eignet sich auch hervorragend, um die ganze Lederausstattung farblich aufzufrischen. Oder nur, wie gezeigt, um Einstiegskanten zu reparieren. In stark strapazierten Bereichen kann eine zusätzliche Lederversiegelung lang anhaltend vor erneutem Farbabrieb schützen. Ansonsten ist der Protektor ein pflegender UV-Schutz, der die Lederoberfläche ca. drei Monate wirksam vor schädlichen Einwirkungen der Sonneneinstrahlung schützt.

5. LEDERREPARATUR U. LEDERFÄRBUNG

Wenn bei einer alten Lederausstattung ein Austausch nicht in Frage kommt, kann mit etwas

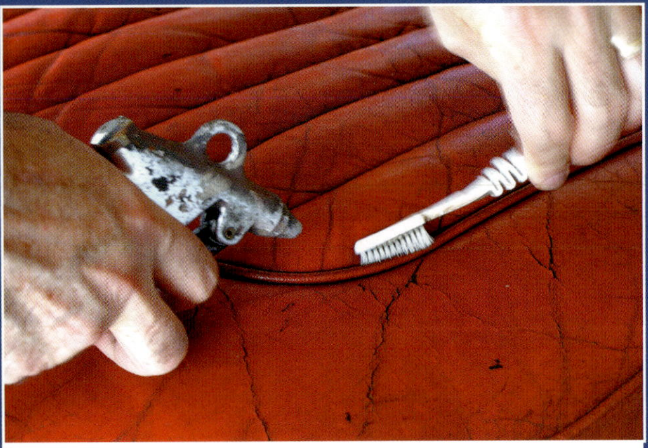

Losen Schmutz aus allen Ecken und Kanten gründlich mit Druckluft entfernen

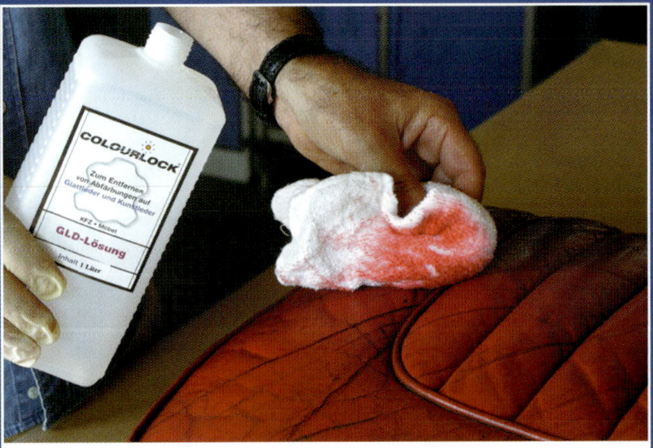

Mit der GLD-Lösung und einem Baumwolltuch die alte Farbschicht anlösen und abreiben

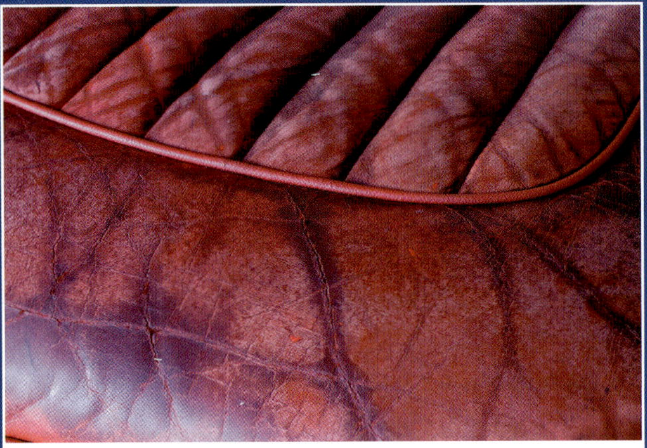

Die von alten Farbschichten befreite Lederoberfläche

Nun folgt ein leichtes Anschleifen der Oberfläche mit einem Schleifpad Korn 600

Aufwand eine Reparatur und Färbung durchgeführt werden, die zum Erhalt des schönen alten Leders beiträgt. Dafür muss man zuerst einmal die Lederoberfläche gründlich reinigen. Bei dieser abgebildeten, bereits vor Jahren schon einmal übergefärbten Jaguar-Innenausstattung müssen die alten, dicken Lackschichten entfernt werden. Zu diesem Zweck nehmen wir Baumwolltücher und GLD-Lösung, um die alten Lackschichten zunächst sanft anzulösen und dann abzutragen. Wir verwenden für diesen Arbeitsschritt kein Aceton, weil dadurch das alte Leder zu stark verhärten würde.

Nachdem der alte Lackaufbau weitgehend entfernt worden ist, können anschließend vorsichtig mit einem flexiblen 600er Schleifmittel die Oberfläche und die Kanten der Trockenbrüche geglättet werden. Den Schleifstaub anschließend gründlich durch Saugen und danach durch Abpusten mit Pressluft entfernen. Um zu prüfen, ob die Lederoberfläche auch wirklich fettfrei ist, benutzen wir ein handelsübliches Klebeband. Wenn es nicht haftet, müssen die Oberflächen noch einmal mit Lederreinigungsbenzin abgerieben werden. Danach widmen wir uns den Trockenbrüchen und den Kederschäden bei dieser alten Lederausstattung.

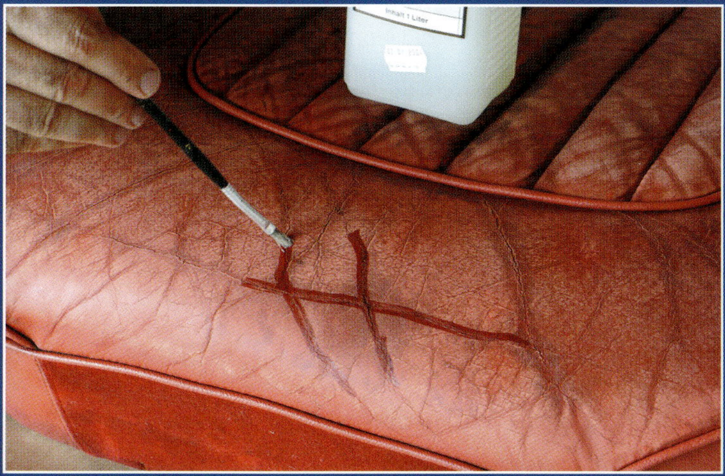

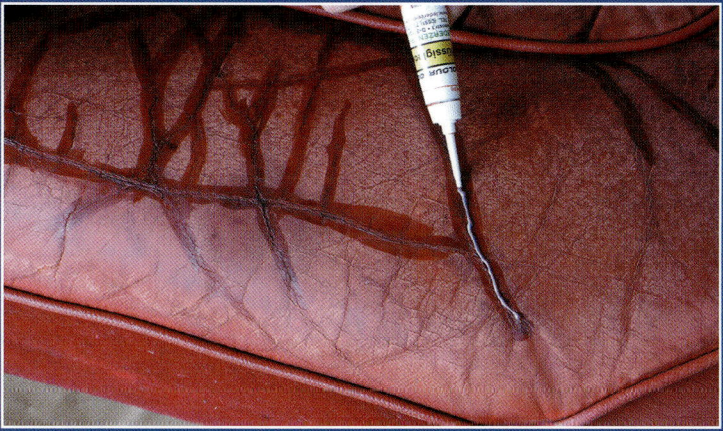

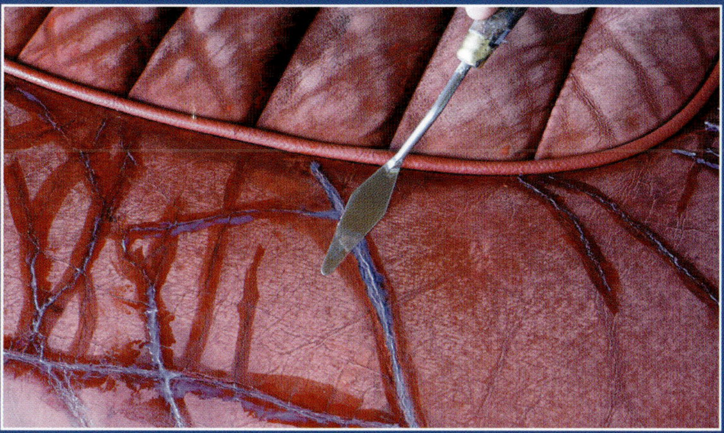

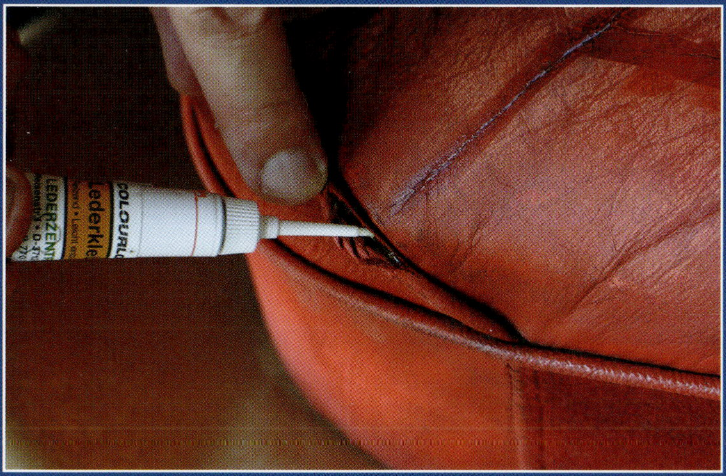

Reparatur von Trockenbrüchen

Mit sogenanntem Flüssigleder lassen sich Trockenbrüche auffüllen und verstärken, und mit etwas Geschick sieht ein reparierter Bruch anschließend aus wie eine Narbung. Um die Haftung für die flexible Reparaturmasse zu erhöhen, werden die Brüche zunächst mit einem Pinsel und Ledergrundierung benetzt. Nach einigen Minuten ist die Grundierung getrocknet, und wir können mit dem Auftragen der Flüssigleder-Reparaturmasse beginnen.

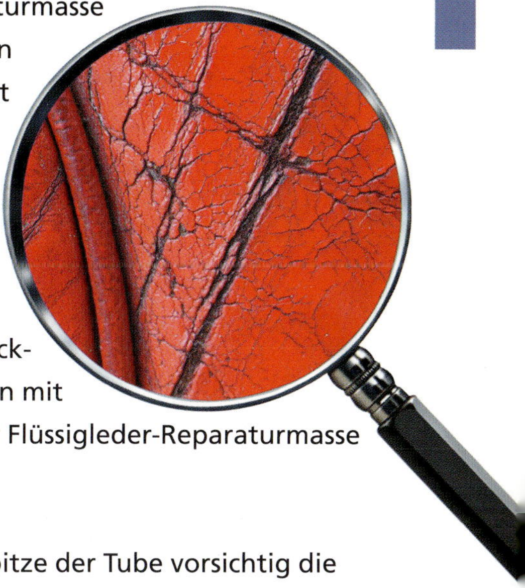

Mit der Dosierspitze der Tube vorsichtig die pastöse Masse in die Bruchnarbung einfüllen. Das Produkt kann im weichen Zustand mit einem Spachtel verarbeitet und geglättet werden. Wenn später die Reparaturstelle durchgetrocknet ist, ergibt sich eine leichte Vertiefung, die optisch einer Trockennarbung täuschend ähnlich sieht. Mit GLD-Lösung und feinem Schleifpapier der Körnung 600 kann überstehende Reparaturmasse beigeschliffen werden. Ebenso lässt sich mit einem weichen Tuch und GLD-Lösung auch neben der Reparaturstelle überschüssiges Flüssigleder entfernen.

Nach erneuter gründlicher Reinigung mit einem Pinsel und Ledergrundierung die Trockenbrüche einstreichen

Nach Trocknung der Grundierung vorsichtig mit der Dosierkappe Flüssigleder in die Trockenbrüche füllen

Solange die Reparaturmasse weich ist, mit einem Spachtel glätten und verstreichen

Lose Reste der Kederummantelung und die frei liegende Schnur mit dem Untergrund verkleben

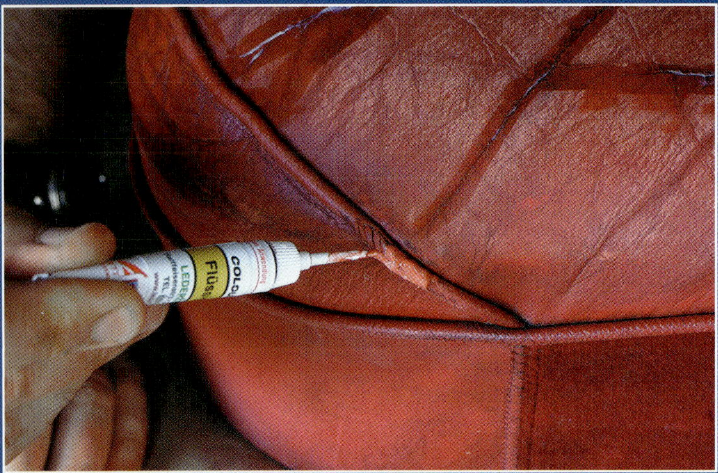

Nach Trocknung mit Ledergrundierung abtupfen und anschließend mit Flüssigleder die Kederform ergänzen

Ist die Reparaturmasse durchgehärtet, kann die Reparaturstelle mit GLD und Schleifpapier geglättet werden

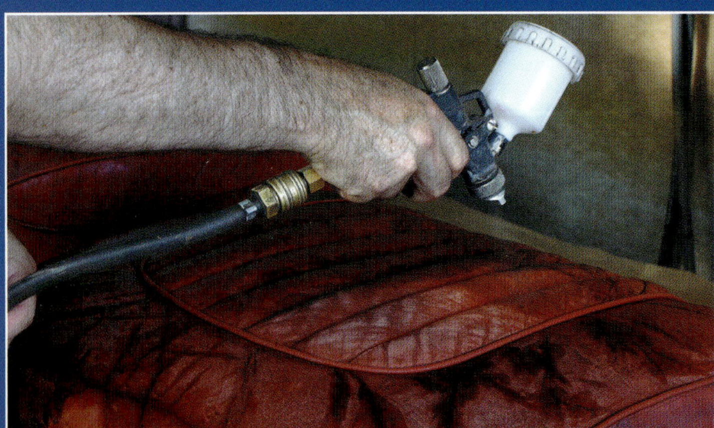

Nach erneuter Reinigung durch Abblasen wird die Grundierung in dünnen Schichten (1-2) und bei niedrigem Druck von ca. 2 bar aufgetragen

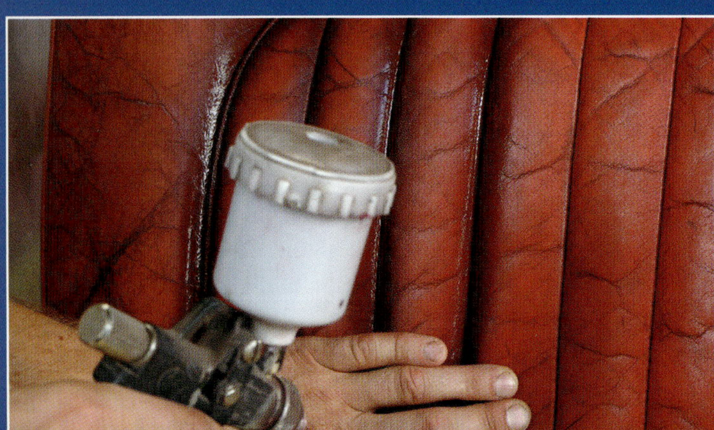

Die Deckfarbe zuerst in Falten und Kederbereichen dünn mit einem Rundstrahl vorlackieren

Durch diese Behandlung ist nun die reparierte Oberfläche genauso flexibel wie das alte Leder. Bei größeren Reparaturstellen kann – falls nötig – die Oberfläche mit einem Prägewerkzeug nachträglich lederartig strukturiert werden.

Lederreparatur

In der Zwischenzeit wenden wir uns der Kederreparatur zu. Hierbei zunächst lose Kederreste und die lose Kordel mit flexiblem Lederkleber auf dem Untergrund befestigen. Nach vollständiger Trocknung auch hier etwas Grundierung auftupfen und vorsichtig trocken fönen. Anschließend kann mit Flüssigkleber die Reparaturstelle wie gezeigt aufgefüllt und verstärkt werden. Wenn die Reparaturmasse getrocknet ist, kann auch die Kederkontur mit GLD-Lösung und 600er Schleifpapier geglättet werden.

Lederfärbung

Für den handwerklich geübten Oldtimerliebhaber, der schon mit einer Spritzpistole gearbeitet hat, ist es heutzutage sogar möglich, mit für den professionellen Einsatz gedachten Produkten eine Lederausstattung ein- oder umzufärben. Das hier gezeigte System eignet sich hervorragend für die Reparatur und lässt die Lederoberfläche anschließend flexibel, griffig und weiterhin luft- und wasserdampfdurchlässig sein.

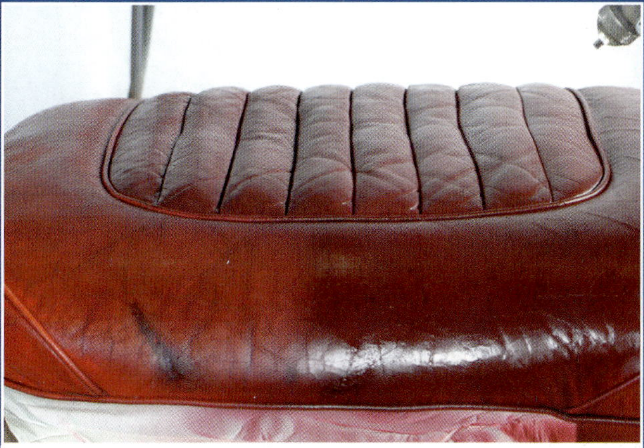

Anschließend die Lackoberfläche in dünnen Schichten gleichmäßig lackieren. Zwischen jeder aufgebrachten Schicht vorsichtig trocken fönen

Die noch nasse, vollständig farblich deckende Oberfläche des Fahrzeugsitzes

Nach Durchtrocknung der Farbschicht kann die Oberfläche mit 3000er Papier geglättet und mit einem Top Coat gegen Abrieb geschützt werden

Zuerst einmal vorsichtig mit dem 600er Schleifpad die Lederoberfläche glätten und entspannen. Anschließend gründlich reinigen und abblasen. Sodann die Ledergrundierung unverdünnt in eine Dekor-Pistole füllen und mit geringem Druck (ca. 2 bar) in sehr dünnen Schichten aufspritzen, trocken fönen und danach die Oberfläche genau betrachten. Bei stark beanspruchten Stellen muss gegebenenfalls nachgrundiert werden, bis eine optimale Sättigung erreicht ist. Die flexible Ledergrundierung sorgt hier für die als Endergebnis angestrebte perfekte Weichheit und Flexibilität des Materials.

Ist nun die Grundierung getrocknet und die Lederoberfläche durchgehend leicht klebrig, können wir mit dem Pigmentieren beginnen. Die Farbe gründlich durchsieben und in die Pistole füllen. Wiederum mit ca. 2 bar Druck und hauchdünnen Spritzgängen langsam und mehrschichtig den Farbton erreichen. Dabei mit der Lackierung zuerst in Vertiefungen und Polsterfalten beginnen – erst danach die flächigen Oberflächen lackieren. Nach jeder dünnen, leicht aufgebrachten Farbschicht trocken fönen. Nur soviel Pigment auftragen wie nötig, um den gewünschten Farbton zu erreichen. Eine zu dicke Farbschicht würde den Griff und die Weichheit des Leders nachteilig verändern.

Ist nun der Farbton erreicht und die Pigmentierung nach ca. zwei Stunden getrocknet, kann leicht mit 3000er Papier nachgeschliffen werden, um die Oberfläche zu glätten. Ist die Lederfarbe gleichmäßig und fehlerfrei, kann der Top Coat darüber lackiert werden, um die Pigmentierung vor Abrieb zu schützen. Dieser Top Coat wird, angereichert mit 1 % Vernetzer in den Schutzlack eingerührt. Den Top Coat dabei sorgfältig durchsieben und in ein bis zwei dünnen Schichten mit jeweiliger Zwischentrocknung (Fön) flächendeckend im Kreuzgang auflackieren.

Lösemittel – GLD eignet sich zum Anlösen und Entfernen von alten Lederfarben. Ein auch als Verdünnung für Farben sehr taugliches Produkt

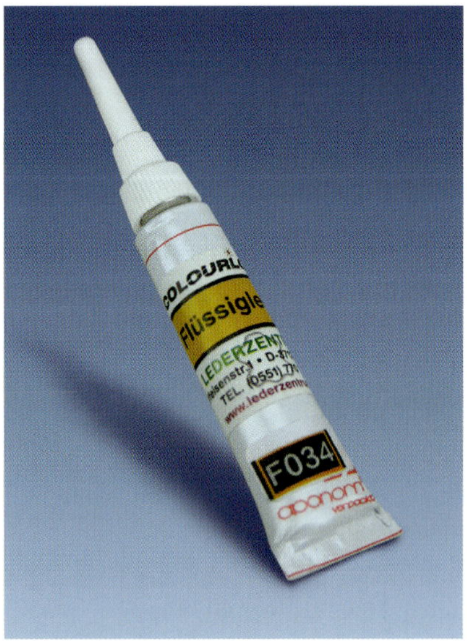

Flüssigleder – dauerelastische Reparaturpaste zum Auffüllen von Löchern, Kratzern und Trockenbrüchen

Grundierung – transparenter Haftgrund auf Wasserbasis für Leder und aufgeraute Lederfarben

! WICHTIG:

Alle Lackierarbeiten mit Atemschutzmaske in gut belüfteten Räumen ausführen.

Alles 24 bis 48 Stunden durchtrocknen lassen und zur Endkontrolle einen Sicherheitstest mit einem feuchtem Tuch auf Sitzflächen durchführen. Sollte dabei Farbabrieb festzustellen sein, muss nochmals vorsichtig mit Top Coat nachlackiert werden.

Deckfarbe oder Decklack – hochpigmentierte Lederfarbe mit guter Deckkraft und Haftung auf Leder und aufgerauten alten Lacken

Top Coat – transparenter, abriebfester Schutzlack für Lederfarben. Glänzend für die Wiederherstellung der alten Lederoptik vor Anfang der siebziger Jahre oder matt für die neuzeitliche Lederoptik

Details: Teppich färben

Nachdem das Leder jetzt seine neue Farbgebung erhalten hat, müssen die am Sitz befindlichen Teppichstücke auch umgefärbt werden. Hierzu muss zunächst eine gründliche Reinigung vorgenommen und die losen Schmutzreste abgesaugt werden. Im vorliegenden Fall haben wir einen handelsüblichen Teppich- und Stofffärber in passender Farbe gefunden. Bei diesen Färbe-

In dünnen leicht feuchten Schichten mit der Spraydose den Teppich nachfärben, um ein Verkleben der Fasern zu verhindern

sprays ist es von besonderer Wichtigkeit, nur sehr dünn und mit weitem Abstand zu sprühen, damit die Fasern nicht zu sehr mit Farbe durchtränkt werden, zusammenkleben und anschließend hart werden. Die richtige Sprühtechnik ist daher für die Erhaltung der weichen Struktur im Endergebnis von entscheidender Bedeutung. Mit dem Haarfön kann die Trockenzeit zwischen den Schichten verkürzt werden, und gerade in einer kalten Garage können so die Lösemittel schneller verdunsten.

Details: Picknicktischchen

Bei den alten Jaguar-Sitzen sind in bester britischer Tradition im oberen Teil der Rückenlehne kleine klappbare Holztischchen eingearbeitet. Auch diese müssen nun passend zu den Sitzen aufgearbeitet werden. In einem ersten Schritt muss man zunächst vorsichtig mit einer Exzenterschleifmaschine und grobem Sandpapier die alte Lackschicht mit wohldosiertem Druck entfernen. Dabei ist Folgendes sehr wichtig: Sobald der Lack abgetragen ist und das eigentliche Holzfurnier erreicht wird, darf der Schleifvorgang nur noch gefühlvoll von Hand mit zunächst 120er und anschließend mit 240er Papier vorgenommen werden.

Mit einer Exzenterschleifmaschine und 80er Schleifpapier die alte Lackschicht vorsichtig entfernen

Feines, gefühlvolles Nachschleifen mit 240er Papier in Wuchsrichtung glättet die Oberfläche und entfernt die Spuren des Vorschleifens

Druckstellen im Holz können durch ein paar Tropfen Wasser zum Aufquellen bewegt werden und sind anschließend nicht mehr zu sehen

! WICHTIG:

Grundsätzlich in Wuchs- bzw. Faserrichtung schleifen!

Naturhölzer und Furniere dürfen stets nur mit der Faser geschliffen werden, da sich sonst hässliche Schleifspuren auf den harten Jahresstreifen oder -ringen des Holzes ergeben. Besonders ärgerlich: Solche Schleiffehler werden auf hellen Hölzern erst nach dem Lackieren sichtbar!

Bei unseren Klapptischchen ist nach diesem Arbeitsgang nun wieder eine saubere, helle Fläche entstanden, die nach gründlichem Abstauben lackierfertig ist. Bei diesen Holzausstattungselementen im Fahrzeug, die auch mit Wasser in Berührung kommen können, sollte man sich zum Lackieren für einen handelsüblichen Treppenlack entscheiden. Dieser eignet sich hochverdünnt auch zur widerstandsfähigen Holzlackierung im Außenbereich. Diese Lacke sind sehr strapazierfähig und vertragen auch schon mal den Einsatz von Wasser oder Reinigungsmitteln. Mit etwas höherer Verdünnerzugabe lässt sich ein solcher Lack auch sehr gut mit der Spritzpistole verarbeiten. Nach der Trocknung glänzen die bearbeiteten Holzelemente wie eine hochwertige Möbeloberfläche.

! WICHTIG:

Mit den hier gezeigten Techniken der Reinigung, Auffrischung und Färbung von Leder sowie den Pflegearbeiten zum Erhalt einer Oldtimer-Lederausstattung kann man auch – sollte man sich das nicht selbst zutrauen – Fachbetriebe beauftragen. Die vorstehende Anleitung soll primär heutige Möglichkeiten einer Lederrestaurierung aufzeigen und handwerklich geschickten und erfahrenen Oldtimerliebhabern eine Auffrischung ihrer Lederausstattung in Eigenarbeit ermöglichen.

6. LEDERPFLEGE

Die Pflege von wertvollen alten Lederausstattungen sollte sehr sorgfältig und gewissenhaft ausgeführt werden, um deren Lebensdauer deutlich zu verlängern. Daher ist es auch von besonderer Wichtigkeit, die richtigen Pflegeprodukte für den jeweiligen Zustand des Leders auszuwählen. Der aktuelle Zustand einer

Gepflegtes Leder

Trockenes Leder

Lederausstattung nach der Reinigung ist demnach von zentraler Bedeutung für die Wahl des richtigen Pflegemittels. Daher Finger weg von so

Mit Leder-Softener kann vernachlässigtes und verhärtetes Leder wieder geschmeidiger gemacht werden

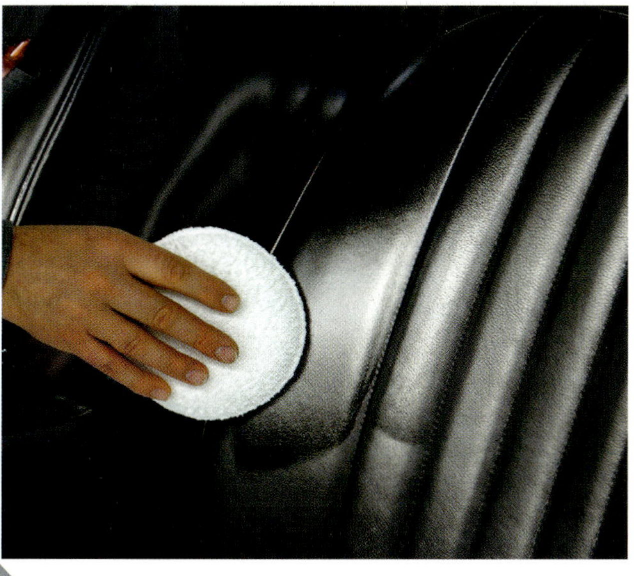

Lexol Tiefenpfleger macht Leder wieder elastisch und weich

Verschiedene Zustandskategorien

Man unterscheidet bei Lederausstattungen zum einen harte, brüchige, leicht vernachlässigte und gepflegte Originalausstattungen, sowie zum anderen restaurierte und neu bzw. neuwertige Ausstattungen.

ORIGINALLEDER – HART UND BRÜCHIG:
Für solche Ausstattungen braucht man etwas Geduld. Profis verwenden Altleder-Softener, ein synthetisches Öl, das langsam in die Haut eindringt und sie bis zu einem gewissen Grad wieder weich und flexibel macht. Mehrmals aufgetragen bei mehreren Tage Ruhepause zwischendurch zeigen sich die besten Arbeitsergebnisse.

ORIGINALLEDER – LEICHT VERNACHLÄSSIGT:
Dieses Leder sollte mit einer hochwertigen öligen Pflegemilch behandelt werden, um Weichheit und Griff wieder zu verbessern. Nachdem die gewünschte Flexibilität wieder erreicht ist, kann die Oberfläche mit einem geeigneten Lederfett wieder nachhaltig geschützt werden.

ORIGINALLEDER – GEPFLEGT:
Diese Ausstattung braucht lediglich von Zeit zu Zeit etwas Pflegemilch oder dünn aufgetragenes Lederfett. Durch Druck mit dem Daumen auf das Leder kann man leicht feststellen, ob das Leder Pflege braucht oder nicht. Ergeben sich Spannungsfalten, benötigt das Leder Pflege – entsteht eine runde weiche Druckstelle, ist noch genügend Öl in der Haut.

RESTAURIERTES UND NEUES LEDER:
Neuwertige Leder können sehr einfach mit modernen Pflegemitteln leicht gefettet werden. Diese enthalten zuweilen auch UV-Schutz, der das Ausbleichen verhindert.
Regelmäßige Pflege ist aber auch hier wichtig, um ein Austrocknen der Haut durch Sonne und Wärme zu verhindern.

Elefant Lederfett ist ein Oberflächenpflegemittel, das schützt und verschönert

Dieses Pflegemittel enthält pflegende Öle und Substanzen, regeneriert Leder und zieht vollständig ein

manchen Hausrezepten und Fetten, die im Leder ranzig werden und es zerstören können. Es gibt in der Industrie umfangreiche Studien über die schädliche Wirkung von Nahrungsmittelfetten auf Leder. Hochwertige Lederpflegemittel enthalten deshalb synthetische Öle, die nicht ranzig werden und somit auch keinen Nährboden für Bakterien und Schimmel bieten.

! Wichtig:

Vor jeder Pflege die dreidimensionale Oberfläche einer Lederausstattung gründlich säubern und reinigen. Denn nicht entfernter Schmutz wird mit dem Pflegemittel in das Leder einmassiert und verstopft die Porenkanäle der Haut.

Die synthetischen Öle des Softeners können hartes Leder bis zu einem gewissen Grad wieder weich machen

Colourlock Protector ist ein matt auftrocknendes UV-Schutz-Pflegemittel mit guter Wirkungsdauer

Colourlock Elefant Lederfett ist ein gut schützendes Fett, das Oberflächen vor Nässe schützt und den schönen alten Ledergranz vertieft

V. Pflege von Hölzern

1. HOLZRAHMENBAU

Der Holzgestellbau für die Automobilfertigung entstand aus dem Kutschenbau des späten 19. Jahrhunderts. Es gab anfangs viele, z. T. sehr kleine Karosseriebaufirmen, die unterschiedliche Gestelle für die verschiedensten Fahrzeugarten herstellten. So wurden Holzrahmenaufbauten für offene und geschlossene PKW bis in zum LKW aus heimischen Hölzern gefertigt. Hierbei wurden hauptsächlich Hölzer wie Esche und Buche verarbeitet, wobei die Buche aufgrund ihrer besseren Verfügbarkeit in den 30er-Jahren in den Vordergrund rückte. Das bessere Material für den Karoseriegestellbau ist allerdings das Eschenholz. Die Esche ist langfaseriger und

Ganz links: Der Einstiegsbereich – auch alles aus Eschenholz gefertigt

Links: Konstruktion mit Türbändern

Von oben nach unten und gegenüber liegende Seite: Präzisionsarbeit eines Stellmachers: Ein erneuerter Türrahmen; darunter ein grob ausgesägtes Neuteil mit dem zugehörigen Originalmuster. Umfangreiche Restaurierungen dieser Art sollte man dem Fachmann überlassen.

dadurch biegsamer als die Buche und von daher besser für Fahrzeugaufbauten und Rahmenkonstruktionen geeignet. Außerdem neigt Buche bei Feuchtigkeitseinfluss stärker zur Stockfäule, was auch ein gravierender Nachteil ist. Heute verwendet man bei der Restaurierung solcher Fahrzeuge hauptsächlich Eschenholz, Zweikomponentenweißleim und PUR-Leim für spaltfüllende Verleimungen der Zapfenverbindungen. Wichtig: Austausch von Konstruktionshölzern oder Restaurierung der Holzgestelle sollte nur in Fachbetrieben durchgeführt werden, da es sich hier um sicherheitsrelevante Konstruktionen handelt. Zur schützenden Pflege der Hölzer wurden früher und z. T. heu-

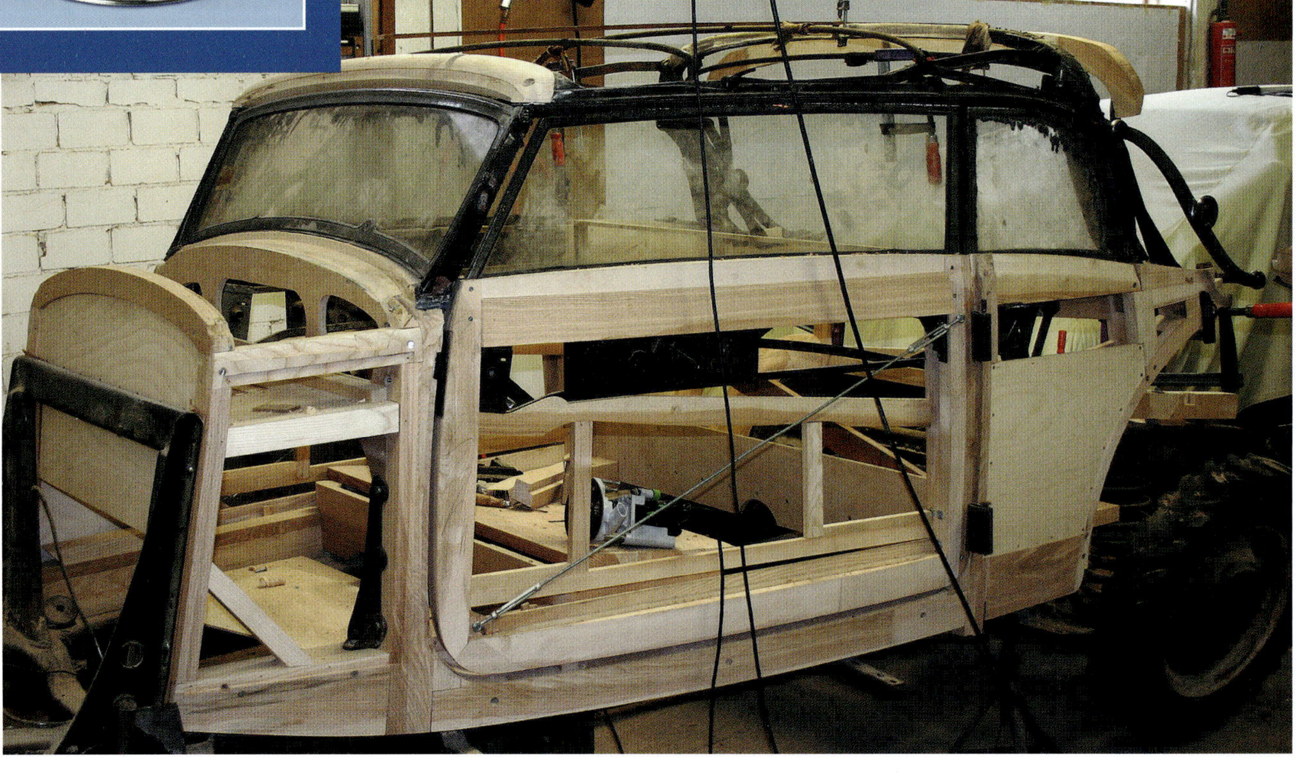

OS 060219

te noch Leinölfirnis oder Holzhartöl von Profis eingesetzt. Diese natürlichen Öle sind diffusionsfähig und bewirken, dass die Holzoberfläche schmutz- und wasserabweisend wird. Wenn zur Grundierung der Holzkonstruktion z. B. Leinölfirnis 1:1 mit Balsam, Terpentinöl verdünnt wird, hat es ein hervorragendes Eindringvermögen und ist in der Lage, sich besser in der Holzoberfläche zu verankern. Der zweite Anstrich erfolgt nach Trocknung unverdünnt und bewirkt ein Auskleiden der Poren. Dieser Holzschutz ist unbedenklich für Mensch und angrenzende Materialien bei der Restaurierung und deshalb, wie schon in der Vergangenheit, empfehlenswert. Wichtig: Werkzeuge wie Pinsel und Lappen sofort reinigen, da Selbstentzündungsgefahr besteht. Tücher ausgebreitet im Freien trocknen, bevor sie entsorgt werden.

2. HOLZSPEICHERÄDER

Holzspeichenräder sind tragende und sicherheitsrelevante Konstruktionen und sollten vom

Laien nicht repariert oder erneuert werden. Diese aus geradwüchsigem Eschenholz sehr sorgfältig gefertigten Fahrzeugteile sind nur durch eng eingepasste Einzelteile rund laufend und belastungsfest. Bei der Fahrzeugrestaurierung sollten daher die alten Lackschichten durch Schaben und Schleifen komplett entfernt werden. Dann kann eine Sichtkontrolle sicher stellen, dass keine Beschädigung wie Brüche oder Fäulnisbildung an diesen tragenden Konstruktionen vorliegt. Sollte ein durchweg gesundes,

Holzspeichenfelgen und Holzlenkräder (gegenüber liegende Seite) zu restaurieren, sollte man aus Sicherheitsgründen einem Fachbetrieb überlassen

bruchfreies Holz zum Vorschein gekommen sein, können die Räder wieder neu lackiert werden. Sind allerdings Schäden oder substanzielle Absplitterungen sichtbar geworden, suchen Sie bitte einen Stellmacher auf zwecks Erneuerung der fehlerhaften Teile. Verwenden Sie zum Neulackieren flexible Lacksysteme, damit die Holzkonstruktion langanhaltend und absplitterungsfrei geschützt wird.

3. HOLZLENKRÄDER UND LENKRÄDER MIT HOLZBESATZ

Holzlenkräder und Lenkräder mit Holzbesatz. Auch diese sicherheitstechnischen Bauteile an betagten Fahrzeugen sollten, wenn schadhaft, durch Profihand repariert oder erneuert werden. Wenn Holzauflagen bei einem Lenkrad nur unansehnlich geworden sind, kann vorsichtig die alte Lackschicht mit einer Ziehklinge oder einem Stecheisen entfernt werden. Denn auch bei Vollhölzern ist es wichtig, nicht mit chemischen Abbeizern zu arbeiten, weil diese durch die Lackschicht hindurch in das Holz eindringen können und dort Verleimungen zersetzen oder später beim Überlackieren chemisch reagieren und die Lackschicht kräuseln lassen. Ist die Lenkradoberfläche aber nur leicht mattiert und angelaufen, kann z. B. vorsichtig mit der Rot-Weiß-Polierpaste der alte Lack wieder aufgefrischt werden und zu neuem Glanz erstrahlen.

4. HOLZZIERTEILE UND ARMATURENBRETTER

Diese früher aufwendig konstruierten häufig dreidimensionalen Armaturenbretter oder Zierteile sind meist schlecht für den Laien zu restaurieren, da sie oft furniert und nicht ausschließlich aus Vollholz bestehen. Das Furnieren war nur mit perfekt ausgearbeiteten Gegenstücken und Schablonen möglich. Daher können hier geübte Laien nur leichte Reparaturen oder Auffrischarbeiten ausführen, z. B. gelöste Furniere verkleben und Lackoberflächen aufarbeiten. Dies geschieht wie folgt: Luftblasen werden mit einem Skalpell ein-

Mitunter hat man es bei der Aufarbeitung von hölzernen Armaturenbrettelementen mit komplexen Formen zu tun

geschnitten und durch den Schnitt wird ein Tropfen Sekundenkleber auf den Untergrund aufgetragen. Anschließend das gelöste Furnier mit einem Handschuh andrücken und je nach Raumtemperatur 10 bis 30 Sekunden festhalten. Danach sollte das Furnier wieder fest mit dem Untergrund verankert sein. Bei kleinen Furniersplitterablösungen kann gleichermaßen vorgegangen werden: Nur bei größeren Ablösungen sollte mit einem sogenannten Lackleim das gelöste Furnier aufgeleimt werden. Dieser Spezialleim ermöglicht sichere Verleimung auf alten, glasartigen Leimschichten. Also etwas Leim mit einem Furnierspan unter die gelöste Stelle schieben, etwas Papier auflegen und je nach Formgebung der Reparaturstelle eine mehr oder weniger flexible Zulage auflegen. Anschließend durch eine Schraub- oder Klemmzwinge, und wenn dies nicht möglich ist, durch ein stramm verklebtes Packband Druck erzeugen. Nach Durchtrocknung der Verleimung (siehe Leimherstellerangaben) Oberflächen säubern und – falls der Lack noch in Ordnung ist – beipolieren. Feine Überstände lassen sich mit 3000er Nassschleifpapier beischleifen und anschließend mit Rot-Weiß-Schleif- oder Polierpaste wieder aufpolieren. Auf diese Weise können weitgehend intakte Holzzierteile repariert und aufgefrischt werden.

5. RESTAURIERUNG AMATURENBRETT UND ZIERLEISTEN

Beispiel: Mercedes 230 Cabrio B, Baujahr 1937

Der erste Schritt zur Aufarbeitung einer alten, stark in Mitleidenschaft gezogenen Holzausstattung ist die Entfernung der alten Lackschichten. Diese müssen sehr vorsichtig und komplett abgetragen werden, um ein Aufarbeiten der alten Holzoberflächen zu ermöglichen. Dabei ist es sehr wichtig, behutsam nur mit einer Ziehklinge oder mit Schleifpapier den Lack abzutragen, um das Furnier oder die Vollholzfläche nicht zu beschädi-

Von oben nach unten: Diese alte Holzausstattung eines Mercedes-Benz 230 (W 143) befindet sich in schlechtem Zustand. Darunter: So entfernt man alte Lackschichten manuell

gen. Wichtig: Keine chemischen Abbeizer benutzen. Diese können unter der Lackschicht ins Furnier oder in das Massivholz eindringen und Verleimungen lösen. Weiterhin kann es zu massiven Problemen beim späteren Lackieren kommen, wenn die Lösungsmittel den Abbeizer in der Holzoberfläche wieder aktivieren. Also bitte sehr gefühlvoll den Holzformen folgend die alten Lacksubstanzen mechanisch entfernen. Auch beim Schleifen sollten Sie kein gröberes als 120er Papier verwenden, um nicht gerade bei furnierten Oberflächen zu viel Substanz zu entfernen oder durchzuschleifen. Ist nun die alte Lackschicht komplett abgetragen, kann vorsichtig noch feiner mit 240er Papier nachgeschliffen werden. Jetzt sieht man deutlich, in welchem Zustand die Holzoberfläche ist und welche Fehler, Absplitterungen oder Druckspuren vorhanden sind. Bei Massivhölzern kann man solche Fehlstellen meist aus der Substanz durch Schleifen entfernen. Bei furnierten Oberflächen geht dies nicht, weil dort weniger als 1 mm Holzsubstanz vorhanden ist. In einem solchen Fall hilft nur das erneute Furnieren der Oberfläche.

6. FURNIEREN

Das Veredeln von Holzoberflächen durch Edelholzfurniere hat schon eine lange Tradition. Damit lassen sich preisgünstige, gewöhnliche Hölzer an der Oberfläche mit z. T. teuren oder exotischen Furnieren verschönern. Bei der Restaurierung von Fahrzeugausstattungen verwendet man heute sogenannte Messerfurniere, die durch ein Messer auf 0,6 – 0,8 mm Stärke geschnitten (gemessert) werden. Diese dünnen Echtholzschichten in der Breite des Baumstammes werden getrocknet und gebündelt. Es gibt darunter auch sehr teure Furniere,

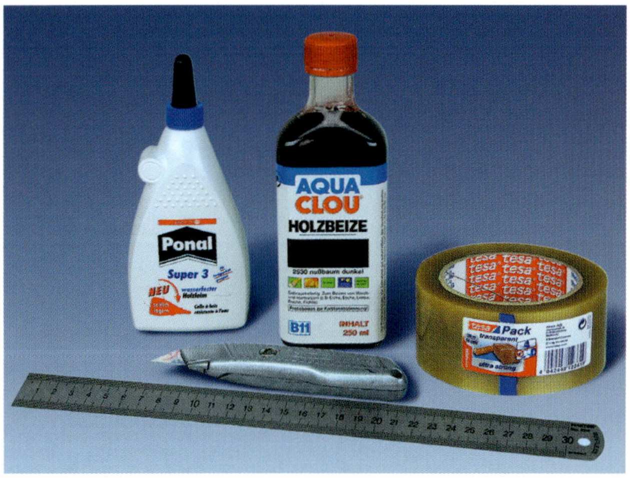

z. B. Wurzelholzfurniere, die heute in vielen Edelkarossen Standartausstattung sind. Aber nun zur Verarbeitungstechnik. Nach der Wahl des Furniers wird es je nach gewünschter Wuchsrichtung zusammen gelegt. Dort wo ein Holzbild entstehen soll oder verlängert wird, muss das Furnier gestürzt und gefügt werden. Man legt die Furniere grob zugeschnitten aneinander, dann kippt man sie übereinander und mit einer Metallschiene und einem scharfen Cuttermesser oder einer Furniersäge wird eine saubere gerade Kante erzeugt. Nun wird das Furnier wieder auseinandergelegt und Schnittkante an Schnittkante gefügt. Wenn das Holz dicht liegt und keine Fuge entsteht, kann das Zusammenkleben erfolgen. Hierbei hat sich das Tesa-Packband im Profieinsatz bestens bewährt. Es verklebt die aneinander gelegten Furniere, ohne Kleberückstände zu hinterlassen und hat noch einen gravierenden Vorteil: Bei ganzflächigen Verklebungen kann das Furnier nicht reißen, wenn es in Formen gepresst wird (gewölbte Zierteile, z. B. Armaturengehäuse). Nachdem nun das Furnier für das alte W 143-Armaturenbrett fertig ist und dieses durch Grobschliff auch bereit zur neuen Furnierauflage, können wir mit der Verleimung beginnen. Entscheidend ist, dass das alte Furnier durch Zahnhobel und grobes Schleifpapier auf einer geraden Schleifunterlage entfernt worden ist und. Löcher oder nicht originale Öffnungen ausgeleimt oder gekittet wurden. Als Leim sollte nur wasserfester Leim, z. B. Ponal verwendet werden, damit es später keine Ablösungen gibt. Mit einem

Von oben nach unten: Das Zuschneiden und Zusammenfügen sowie Verkleben der Furniere erfordert sehr sorgfältiges Arbeiten. Um Rissbildung vorzubeugen, hat sich vollflächiges Verkleben unter Zuhilfenahme von Tesa-Packband bestens bewährt. Nicht originale Löcher im Armaturenbrett können vorher ausgeleimt werden

Von oben nach unten: Nachdem der Leim gleichmäßig aufgetragen worden ist, wurde das Amaturenbrett auf die Furnieroberfläche gelegt. Eine dünne Styroporunterlage sorgt für gleichmäßigen Druck. Unten links: Das Pressen der Verleimung zwischen zwei Zulagenplatten

Pinsel den Leim gleichmäßig dünn auf das Armaturenbrett auftragen und das Furnier mit dem Klebestreifen nach oben auflegen. Das eigentliche sogenannte Furnieren erfolgt nun durch Pressen zwischen zwei Zulagebrettern. Profitipp: Auf die Zulagenplatte wird, wo das Furnier aufliegt, eine dünne, ca. 5 mm starke Schicht Styropor aufgelegt, um gleichmäßigen Druck auch auf etwas abgerundete Kanten zu gewährleisten. Nachdem alles zwischen den Zulagen liegt, können vorsichtig von der Mitte nach außen die Schraubzwingen angesetzt und gleichmäßiger Druck aufgebaut werden. Trockenzeiten für die Verleimung entnehmen Sie bitte den Leimherstellerangaben.

7. FURNIERE BEARBEITEN

Wenn die Zulagenplatten entfernt wurden, kann das Beiarbeiten der furnierten Oberfläche beginnen. Die überstehenden Kanten müssen vorsichtig bearbeitet werden, damit kein Ausreißen oder Splittern im Kantenbereich auftritt. Dazu kann mit der Kante eines Stecheisens das Furnier vorgebrochen werden. Dazu das überstehende Furnier nach unten drücken und auch anschließend beim Wegstechen oder -schneiden (mit dem Cuttermesser) von der Fläche nach unten zur Holzkante hin arbeiten. Diese

Bei beidseitig furnierten Teilen auf einer weichen Unterlage schleifen

Bearbeiten des überstehenden Furniers mit dem Cutter. Beim Schleifen mit solch einem Brettchen wird das Rundschleifen der Kanten verhindert

Technik ermöglicht ein fehlerfreies Beiarbeiten, ohne dass Furniersplitter aus der Sichtfläche herausbrechen. Anschließend kann die Furnieroberfläche geschliffen werden.

Und so wird richtig geschliffen: Vorschleifen mit 120er bis oder 140er Papier. Mit dieser Körnung können die Bearbeitungsspuren des Furniers entfernt werden. Dazu das Papier um ein Stück planen Schleifblock (Holzbrettchen) legen und mit leichtem Druck in Holzwuchsrichtung schleifen. Das plane Brettchen verhindert beim Schleifen ein Abrunden der Kanten und das Durchschleifen im Kantenbereich. Das Feinschleifen auch in geraden Bewegungen in Wuchsrichtungen mit 240er Papier ausführen. Anschließend vorsichtig mit etwas stumpfem Papier die scharfen Kanten brechen. Somit ist die furnierte Oberfläche vorbearbeitet und kann gebeizt werden.

8. BEIZEN DER INSTANDGESETZTEN OBERFLÄCHEN

Vor dem Beizen muss die Holzoberfläche gründlich entstaubt werden. Danach muss die

Spritzgrundieren der aufgearbeiteten und gebeizten Hölzer

Mit einem Stückchen Schaumstoff kann die Beize perfekt aufgetragen werden

richtige Beize ausgesucht werden. Wichtig: Es gibt unterschiedliche Beizsysteme, Wasserbeize und Lösemittelbeize. Die Wasserbeize wird von Profis oft bevorzugt, weil mehr Möglichkeiten bestehen, zu korrigieren, wenn neue Furnierteile z. B. zu alten Massivholzleisten passen müssen, also unterschiedliche Hölzer anschließend den selben Holzton haben müssen. Nachteil der Wasserbeizen sind Leim- oder Lackreste in den Poren oder feine Risse, die keine Farbe annehmen. In solchen Fällen muss eine Lösemittelbeize eingesetzt werden, die solche Fehlstellen überdeckt. Generell wird die Beize am Besten mit einem Stückchen Polsterschaumstoff aufgetragen und verrieben. Um ein klareres Bild zu erhalten oder überschüssige Beize zu entfernen, kann mit einem weichen Baumwolltuch nachgerieben werden. Die Beize sollte in jedem Fall gründlich getrocknet werden, bevor die Grundierung aufgebracht wird.

9. GRUNDIEREN, LACKIEREN

In der professionellen Restaurierung werden heute noch die alten Polyesterlacke verarbeitet. Diese glatten, glasartigen Polyesteroberflächen sind für den Laien heute nicht mehr herstellbar. Seit einigen Jahren gibt es im Handel keine Polyesterlacke mehr und nur Profis bekommen dieses

Zwischenschliff der Grundierung

Feinste Retuschen mit einem kleinen Malerpinsel

Bei der Mischung und Verarbeitung von Zweikomponenten-Polyesterlacken ist die genaueste Beachtung der herstellerseitigen Gebrauchsanweisung dringend erforderlich

Material noch in 25-kg-Gebinden direkt von der Industrie. Daher muss der Laie z. B. auf 2-K-Parkettlacke zurückgreifen. Diese eignen sich besser als 1-K-Materialien oder Bootslacke für unseren Aufgabenbereich. Diese 1-K-Lacke bleiben weicher und dringen verdünnt tiefer in das Holz ein und erschweren dadurch eine spätere Restaurierung. Auch neigen sie schneller zu Abschürfungen und mechanischen Schäden sowie zu Fleckenbildungen, z. B. durch Glasreiniger. Doch nun wieder zur Profivariante. Die verdünnte Grundierung wurde in zwei dünnen Schichten im Spritzverfahren aufgetragen. Nach gründlicher Trocknung kann mit 240er Papier vorsichtig zwischengeschliffen werden. Meist tauchen nach dem oder beim Grundieren Fehlstellen auf, die jetzt leicht mit einem feinen Malpinsel und etwas Patina retuschiert werden können. Nach der Korrektur und gründlichem Abstauben unter Einsatz eines Staubbindetuches wird der Endlack aufgetragen. Spritzdruck, Verdünnung und Schichtstärke nach Herstellerangaben ausführen. Ist der Decklack aufgebracht und durchgetrocknet, kann, um eine sattere Oberfläche zu erreichen, ein Zwischenschliff mit 240er und 320er Papier erfolgen und anschließend erneut Klarlack aufgetragen werden. Wieder trocknen lassen und nach 320er-Schliff 1 – 2 dünne Schichten hochverdünnten Klarlack spritzen. Das ergibt eine sehr glatte, strukturfreie Oberfläche. Die Profis hingegen können bei ihrem hochschichtigen Polyesterlack

Der gleichmäßige Lackauftrag erfolgt mittels Spritzpistole

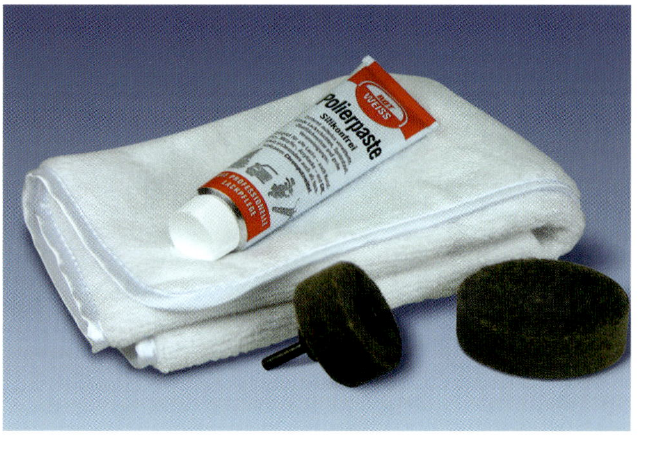

Das Aufpolieren der geschliffenen Oberfläche

nach der Durchtrocknung nass schleifen und Hochglanzpolieren. Dadurch bekommen diese Holzoberflächen ihre makellose und glasähnliche Optik. Nach der Durchtrocknung werden Polyesterlacke erst mit 800er und dann mit 1200er bis 1500er Nassschleifpapier perfekt glatt geschliffen und anschließend mit Schleifpaste an Lappenscheiben in zwei Schritten auf Hochglanz poliert.

Zur Pflege und Auffrischung hat sich Folgendes bewährt: hat die Oberfläche leichte Schlieren oder Mattigkeiten, können diese von Hand mit der Rot-Weiß-Polierpaste und einem weichen Baumwolltuch entfernt werden. Anschließend die Oberfläche mit Wachs schützen. So haben Sie dann auch lange Freude an Ihrer restaurierten Holzausstattung. So behandelte Holzoberflächen lassen sich später leicht mit einem nebelfeuchten Tuch reinigen und entstauben.

Perfektes Ergebnis: Die restauierte Holzausstattung des Mercedes-Benz 230 Cabrio B (W 143) von 1937

tesa AG
Hamburg
tesa
tesa Pack
transparent
66 m
50 mm
ultra strong
tesa AG
Hamburg
Made in EU
A Beiersdorf Company
www.tesa.com
4 042448 123619
Ponal
Super 3
NEU
wasserfester
Holzleim
seitlich lagern
Colle à bois
résistante à l'eau
INHALT 30 LITER
WL-Parkettsiegel 2K
CLOU
UHB
Universal Holzbeize
Nr. 2520
1 Liter
CLOU

VI. Polster- und Kunststoffe

1. REINIGUNG VON POLSTERSTOFFEN

Bei der Reinigung gerade auch älterer Textilbezüge, muss hinsichtlich mechanischer Bean-

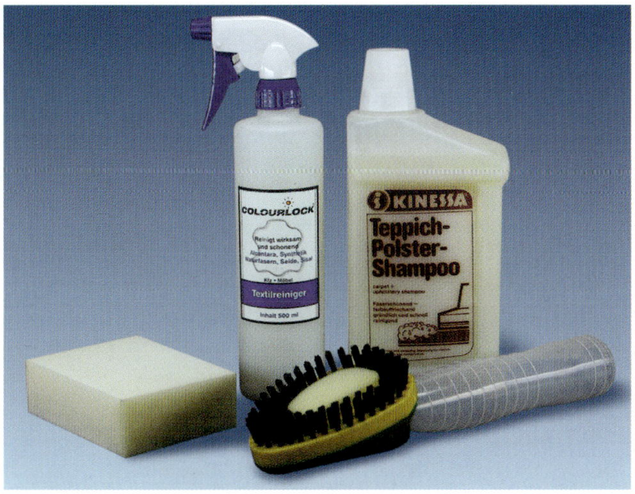

spruchung und Feuchtigkeit sehr vorsichtig gearbeitet werden. Als erster Schritt sollte der Sitzbezug unbedingt sehr gründlich abgesaugt werden. Zusätzlich kann in einer zweiten Phase mit einer sehr weichen Polsterbürste leichter Schmutz gelöst und anschließend ebenfalls abgesaugt werden.

Als Hilfsmittel dürfen nur sehr hochwertige und faserschonende Textil- oder Polsterreiniger verwendet werden, deren Wirkung und Eignung zuvor an einer verdeckten Stelle getestet werden

Polstershampoo mit einem Shampoonierer oder einer weichen Bürste auftragen

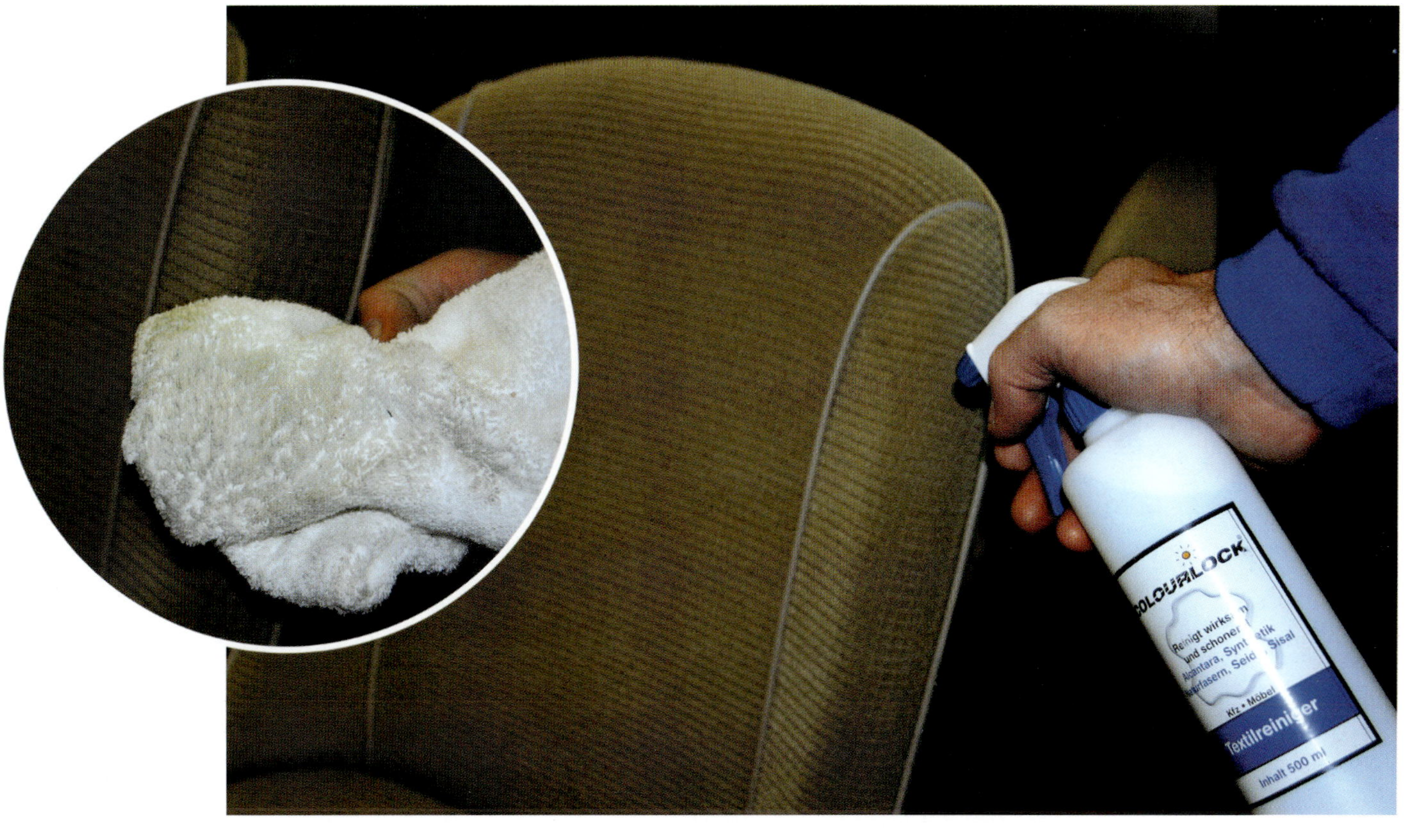

Profi-Textilreiniger leicht aufsprühen und mit einem Baumwolltuch nachreiben

Km
RPM

Kinessa Polster Shampoo ist faserschonend und wirkt farbauffrischend

Colourlock Textilreiniger reinigt wirksam, aber schonend

Colourlock Aniline Protector schützt vor Ausbleichen und Austrocknen

Die Colourlock Imprägnierung ist ein schonender Fleckenschutz für empfindliche Textilien

sollten. Es ist äußerst wichtig – ganz besonders bei älteren Polsterstoffen –, nicht mit zuviel Feuchtigkeit zu arbeiten, denn das schädigt die Faser und lässt nachher Schmutzränder entstehen. Daher sollten vorzugsweise Reinigungsprodukte in Schaumform verwendet werden, mit denen man den Polsterstoff vorsichtig in Faserrichtung und mit einer weichen Bürste oder einem Baumwolltuch einreibt.

! WICHTIG:

Zu harte Bürsten oder zu heftiges Reiben können die Faseroberfläche beschädigen.

Bei starker Verschmutzung oder Flecken kann man ein zweites Mal nachreinigen. Sollte der Stoff während des Reinigens einmal zu nass werden, kann die Bildung von Rändern durch den Einsatz eines Föns vermieden werden. Ist der Textilbezug anschließend sauber, farblich wieder aufgefrischt und vollständig trocken, sollte noch einmal nachgesaugt werden. Der nun ebenso wirksam wie schonend gereinigte Textilbezug kann anschließend imprägniert werden, um erneuter Tiefenverschmutzung und vorzeitigem Zerfall der Stofffaser vorzubeugen.

2. FASERSCHUTZ

Textilien, die der Witterung ausgesetzt sind, z. B. Stoffinnenausstattungen bei Cabrios, müssen zusätzlich vor dem Verspröden, Austrocknen und Ausbleichen geschützt werden. Das bedeutet, dass die Faser nach einer gründlichen Reinigung wieder Substanzen wie Pflegekomponenten, Antioxidantien und UV-Filtersysteme zugeführt bekommen muss. Ein hochwertiger, milder Reiniger wirkt schon etwas farbauffrischend, aber z. B. auch mit Aniline Protector können Farben und Fasern noch effektiver regeneriert werden. Es ist also wichtig, gerade alte Stoffe, die aus Naturfasern bestehen, wieder etwas rückzufetten, dadurch den UV-Schutz zu erhöhen, und so die Fasern wieder resistenter gegen äußere Einflüsse zu machen.

Anschließend sollten die Textilien mit einer wirkungsvollen Imprägnierung vor Feuchtigkeit und Nässe geschützt werden. Dies ist der beste Weg, um dem Verfall der Textilfasern vorzubeugen. Ein solcherart geschütztes Gewebe kann den Einwirkungen von Schmutz und Umwelt besser widerstehen und noch viele Jahre bei bestem optischem Eindruck seinen Zweck im Liebhaberfahrzeug erfüllen. Eine sorgfältig aufgearbeitete und geschützte Textilausstattung ist generell auch viel einfacher zu reinigen und verschmutzt nicht mehr so schnell. Ebenso ist eine Fleckenbildung auf imprägniertem Gewebe weit weniger dramatisch.

3. KUNSTSTOFFREINIGUNG

Ältere Kunststoffe in Sammlerfahrzeugen sind grundsätzlich so mild und vorsichtig wie möglich reinigen. Dies gilt insbesondere für Bespannungen, Armaturenbrett, Sitze und Verkleidungen, die flexibel sind. Kunststoffe verlieren beim Altern durch jahrelange UV-Bestrahlung Flexierzusätze und Weichmacher und werden dadurch hart und spröde. Aber auch durch die Anwendung von falschen oder zu aggressiven Haushaltsreinigern werden die Kunststoffe zu stark beansprucht und altern schneller als nötig.

Daher ist es entscheidend, die Oberflächen mit den richtigen Reinigungs- und Pflegemitteln zu erhalten und zu schützen. Den mildesten Reinigungseffekt bei leichten Verschmutzungen erzielt man mit warmem Wasser und Glyzerin- oder Neutralseife. Damit wird die Kunststoffoberfläche unter Zuhilfenahme eines weichen Schwämmchens leicht schäumend bearbeitet. Anschließend werden mit einem Mikrofasertuch die Schmutz- und Seifenreste aufgenommen. Danach reibt man mit klarem Wasser und ebenfalls einem Mikrofasertuch nach, um letzte Reste des gelösten Schmutzes aufzunehmen.

Führt diese milde Reinigung nicht zu einem akzeptablen Ergebnis, muss ein chemischer Kunststoffreiniger vorsichtig eingesetzt werden. Dabei ist Folgendes unbedingt zu beachten: Den Kunststoffreiniger mit einem weichen Schwämmchen nur auf einer kleinen Fläche auftragen, nur sehr kurz einwirken lassen und mit einem schlaufigen Baumwoll- oder Mikrofasertuch den gelösten Schmutz sofort aufnehmen, bevor dieser in den Kunststoff eindringen kann. Wiederholen sie – wenn nötig – diese Prozedur, bis sie eine bis in die Struktur saubere Oberfläche erhalten.

! WICHTIG:

Sprühen sie niemals Kunststoffreiniger oder Pflegeprodukte im Innenraum direkt auf die zu reinigende Fläche. Das kann zu hässlichen Flecken auf benachbarten Glasoberflächen (Scheiben, Instrumentengläser u.a.) führen, die kaum wieder zu entfernen sind.

Die milde Reinigung mit Neutral- oder Glyzerinseife muss mit einem feuchten Tuch nachgerieben werden

Maserati

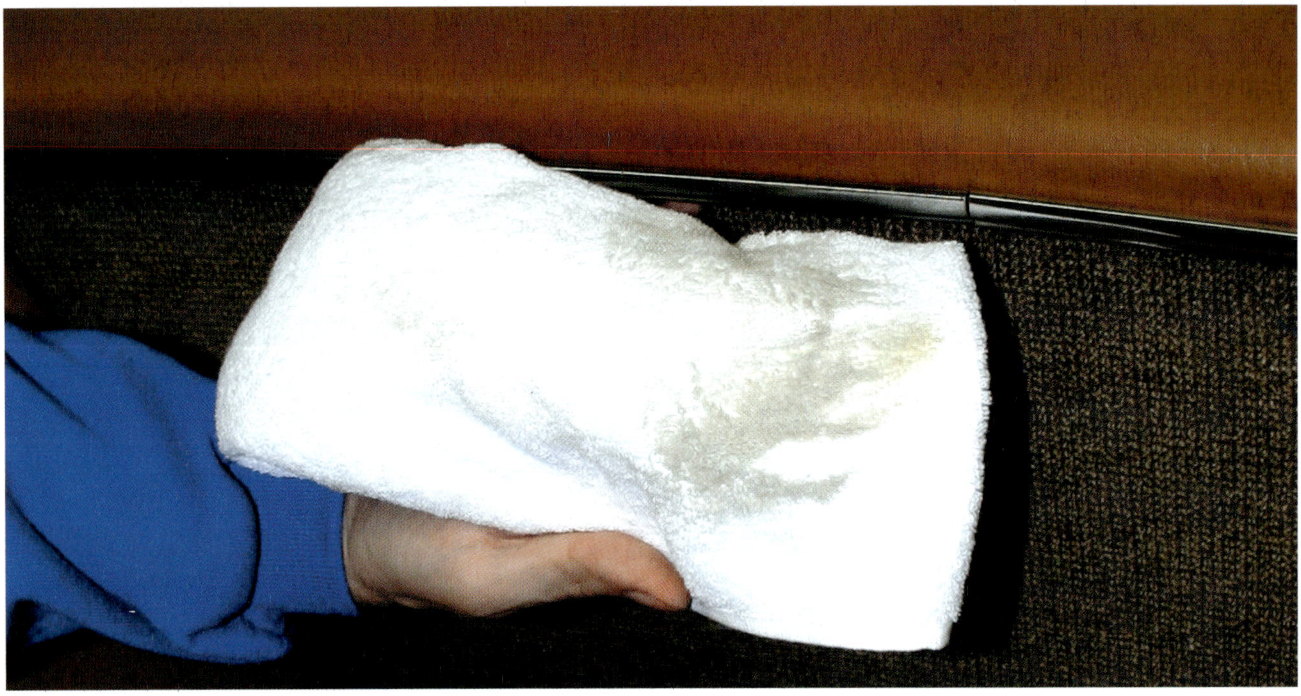

Mit einem weichen Baumwolltuch den gelösten Schmutz gründlich aus der strukturierten Oberfläche entfernen

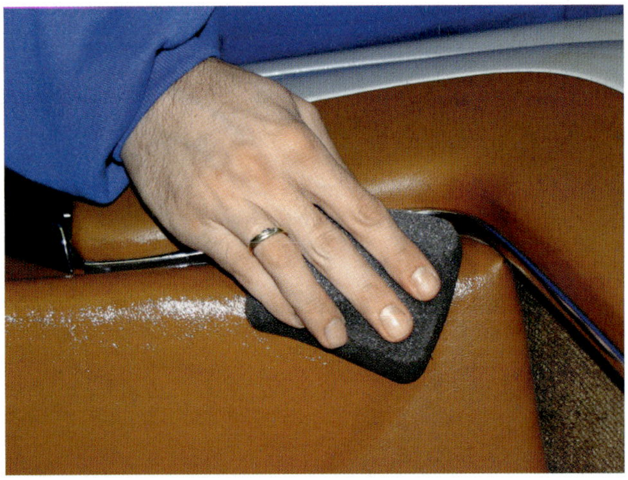

Den chemischen Reiniger nur auf kleinen Flächen oder in Sektionen auftragen und nur kurz einwirken lassen

Nach der erfolgreichen Reinigung das Pflegemittel sparsam mit einem Schwämmchen auftragen und anschließend mit einem Baumwolltuch überschüssiges Material entfernen

Anschließend sollte ein Pflegeprodukt eingesetzt werden, das die Oberfläche schützt und durch UV-Schutzpigmente ein Ausbleichen nachhaltig verhindert. Es werden heute im Profibereich Pflegemittel verwendet, die in das Kunststoffmaterial eindringen, seine Flexibilität regenerieren und gleichzeitig auch einen hochwertigen UV-Schutz besitzen, um es wirkungsvoll zu konservieren. Dazu etwas Pflegemittel auf ein weiches Schwämmchen geben und leicht in die Oberfläche reiben. Nach kurzer Einwirkzeit mit einem weichen Baumwolltuch nachreiben und überschüssiges Pflegemittel entfernen. Solcherart aufbereitete und geschützte Kunststoffbezüge sind in der Lage, Schmutz abzuweisen, ihn also gar nicht erst eindringen zu lassen. Darüber hinaus erleichtern sie dem stolzen Fahrzeugbesitzer die „Zwischendurch-Pflege". Gelegentlich mal mit einem feuchten Mikrofasertuch Staub und leichten Schmutz aufzunehmen reicht da völlig aus.

VII. Überwinterung

1. OBERFLÄCHENKONSERVIERUNG

Bevor das beste Stück über den Winter weg gestellt wird, sollten in jedem Fall einige Wert erhaltende Maßnahmen eingeleitet werden. Dazu gehört an erster Stelle, dass alle Oberflächen wie Lack und Chrom durch ein geeignetes Konservierungsmittel einen stabilen Bewitterungs- und Oxidationsschutz bekommen. Außerdem sollte man Lederausstattungen noch einen frischen pflegenden Schutz für die Überwinterung verabreichen. Aber auch Polsterstoffe und Gummidichtungen sind bei der Pflege zu bedenken.

Neben einigen weiteren technischen Konservierungsmaßnahmen, auf die im Folgenden kurz eingegangen wird, sollte man das Fahrzeug nach Abschluss aller Vorbereitungsarbeiten mit geeigneten Abdecktüchern oder Autocovern für den Winterschlaf abdecken. Man sollte unbedingt sicher stellen, dass die Luft im Fahrzeuginnenraum zirkulieren kann und nicht muffig wird – sonst

Die Behandlung der Lackoberflächen mit konservierenden Pflegemitteln ist vor einer Überwinterung grundsätzlich sehr zu empfehlen

BOSCH

Zündfolge 1. 4. 7. 3. 8. 5. 2. 6
HORCH

droht die Gefahr der Schimmelbildung. Wenn alles das erledigt ist, kann man sich beruhigt auf den nächsten Frühling freuen.

2. ÖLWECHSEL

Der optimale Zeitpunkt für einen Ölwechsel liegt unmittelbar vor dem Winterschlaf, denn alte, verbrauchte Öle verfügen nur über einen Bruchteil des Korrosionsschutzes, den frisches Öl besitzt. Außerdem sind in älterem Öl Benzin und Kondenswasserrückstände gebunden, aus denen sich Säuren bilden können, die dann zu Oxidationsschäden im Motor führen. Frisch eingefülltes Öl verfügt über noch intakte Antioxidantien, die das Innere des Motors wirkungsvoll vor Korrosion schützen. Wenn Öl und Ölfilter gewechselt worden sind, sollte der Motor noch einmal kurz laufen. Dadurch kann sich das Öl verteilen und so alle Oberflächen schützend benetzen. Ein im Inneren sauberer, blanker Motor wird diese Behandlung mit vielen problemlosen Kilometern im darauf folgenden Jahr danken.

Den Motorkonservierer durch die Kerzenöffnung in den Zylinder sprühen, um Zylinderlaufbuchsen und Kolben wirkungsvoll zu schützen

3. MOTOR- UND MOTORRAUM-KONSERVIERUNG

Je nach Länge der voraussichtlichen Standzeit oder Stilllegung sollte man in Erwägung ziehen, zusätzlich einen Motorkonservierer in die Brennräume zu sprühen. Das bewirkt einen zusätzlichen Langzeitkorrosionsschutz der Brennräume, Zylinderlaufbuchsen und Kolben. Der Konservierer wird nach dem Entfernen der Zündkerzen direkt in den Zylinder gesprüht und ist mit allen Motorölen verträglich.

Als sichere und zuverlässige Mittel, um bei längeren Standzeiten den Motor von außen wie auch den gesamten Motorraum einschließlich allen Zusatzaggregaten wirkungsvoll zu schützen, haben sich Waffenöle wie z. B. Ballistol bewährt. Diese Öle verbinden außergewöhnliche Korrosionsschutzeigenschaften mit exzellenter Kriechfähigkeit und sind über Monate wirksam. Darüber hinaus verhalten sie sich neutral gegenüber

Vor dem Stilllegen des Motors ist es sehr wichtig, einen Ölwechsel vorzunehmen, um Korrosion und Ablagerungen vorzubeugen

Transparentes Korrosions-Schutzspray schützt Metalloberflächen während der Wintermonate

Kunststoff- und Gummioberflächen im Motorraum. Mit Ballistol lassen sich im Außenbereich sogar Lederriemen (etwa zur Motorhaubenbefestigung) gut konservieren.

Ein neues außergewöhnliches Korrosionsschutzmittel kommt von Dr. Wack Chemie. Dieser speziell auf schutzblanke Metalle abgestimmte Korrosionsschutz hat sogar beim Salznebeltest sehr Gut abgeschnitten. Er bietet einen perfekten Schutzfilm für Motoren, Aggregate und unlackierte Karosserieflächen sowie Stahl- und Chromfelgen. Daher auch ideal für Liebhaberfahrzeuge, die auch mal im Winter bewegt werden müssen.

Benzin-Stabilisator erhält die Zündfähigkeit moderner Bleifrei-Kraftstoffe nach längerer Standzeit

4. BENZINZUSATZ

Bedingt durch die ständige Weiterentwicklung bei Kraftstoffen werden in letzter Zeit bei längerer Stilllegung des Fahrzeuges und Überwinterung zunehmend Korrosionsschäden in Tank, Benzinleitung und Vergaser beobachtet. Einfaches Volltanken wie früher reicht daher nicht mehr aus, um solche Folgen zu verhindern.

Durch die Verwendung eines Benzin-Stabilisators wird der Korrosionsbildung und -ablagerung

vorgebeugt, und – was ebenfalls sehr wichtig ist – der Kraftstoff bleibt zündfähig; denn immer häufiger bereitet die Alterung moderner Kraftstoffe auch Schwierigkeiten bei der Wiederinbetriebnahme des Fahrzeugs im Frühjahr – der Motor springt dann nur sehr schlecht oder gar nicht mehr an.

! Wichtig:

Die Zugabe eines Benzinstabilisators verhindert Korrosion in Tank, Leitungen und Vergaser(n). Zudem bleibt der Kraftstoff zündfähig.

Anschließend die gereinigten Gummidichtungen mit Talkum-Puder oder -Stift gegen Alterung wirksam schützen

5. Gummidichtungen

Auch die oft vernachlässigten, in ihrer Wichtigkeit gerne unterschätzten Dichtsysteme einer Fahrzeugkarosserie müssen von Zeit zu Zeit gereinigt und gepflegt werden. Jetzt, am Ende einer Saison, ist es besonders wichtig, speziell alte Gummiprofile und Türdichtungen sehr schonend

Eine schonende und rückfettende Rinigung mit Glyzerinseife ist für alle Gummiteile und Dichtungen ideal

und rückfettend zu säubern. Dazu setzt man etwas warmes Wasser, pH-neutrale Glyzerin- oder Neutralseife (z. B. von der Lederreinigung) und ein Baumwolltuch ein. Auf das nasse Baumwolltüchlein gibt man etwas Glyzerinseife und reibt die Dichtung damit ab. Den gelösten Schmutz aus dem Tuch ausspülen und mit frischer Seife noch einmal nachreiben. In der Lexol Lederseife zum Beispiel ist ein großer Anteil Glyzerin enthalten, der stark rückfettend ist und somit auch das Gummi pflegend regeneriert.

Die restliche Seife durch Nachreiben mit klarem Wasser entfernen. Nachdem die Dichtungen gereinigt und getrocknet sind, kann mit einem trockenen Baumwolltuch etwas Talkum aufgetragen werden. Dazu etwas handelsübliches Talkum auf das Tüchlein geben und die Gummidichtung bis zur Sättigung einreiben. Die so gereinigten und geschützten Gummiprofile werden es Ihnen mit Langlebigkeit sowie bester Flexibilität und damit Dichtigkeit danken.

6. Reifen

Um im Fall einer längeren Fahrzeug-Stilllegung bei Diagonalreifen unangenehme Standplatten weitestgehend zu vermeiden, sollte der Luftdruck erhöht werden – um mindestens 1-2 bar oder bis zum auf der Reifenflanke angegebenen Maximaldruck. Weiterhin kann das Fahrzeug von Zeit zu Zeit etwas vor oder zurück geschoben

Luftdruck um mindestens 1–2 bar oder den zulässigen maximalen Druck erhöhen

werden, damit die Reifen unterschiedlich belastet werden. Am Besten allerdings ist es, das Fahrzeug – wenn möglich – aufzubocken, weil dann die Reifen entlastet sind und sich nicht durch das Fahrzeuggewicht verformen. Eine durchaus zu empfehlende Reinigung und Pflege der Reifenflanken kann übrigens genauso erfolgen wie bereits für die Gummidichtungen beschrieben.

Anhang 1: Pflegewerkzeuge und Hilfsmittel

1. AUFTRAG- UND POLIERSCHWÄMMCHEN

Weiche Schaumstoffschwämmchen sind nützliche Hilfsmittel zum Auftragen oder Verarbeiten von Polituren, Wachsen und Pflegemitteln. Schaumstoffschwämme sollten vor Gebrauch mit Seife oder Mikrofaser-Waschmittel ausgewaschen werden, damit sie weicher und schonender auf empfindlichen Oberflächen arbeiten. Nach Abschluss der Arbeiten können durch Politur- und Wachsreste verschmutzte Schwämmchen mit einem Haushaltsreiniger und warmem Wasser wieder gesäubert werden. Ausgespült und an der Luft getrocknet sind sie anschließend wieder einsatzbereit.

2. SCHAUMSTOFF – MASCHINENPOLIERTELLER

Bei Polierkörpern hat sich in der Praxis erwiesen, dass ein weicheres und milderes Polierergebnis entsteht, wenn sie vor und während der Arbeit ausgewaschen werden. In feuchten Schaumstoff-Poliertellern verteilt sich die Politur besser und es entsteht ein weicheres, spurenärmeres Polierbild als mit trockenen Polierkörpern. Auch hier ist es nützlich, den Schaumstoff vorher mit einem Mikrofaser-Waschmittel zu waschen, weil er so weicher und anpassungsfähiger wird, was wiederum auf gerundeten Oldtimerkarossen von Vorteil ist und einfach zu besseren Ergebnissen führt.

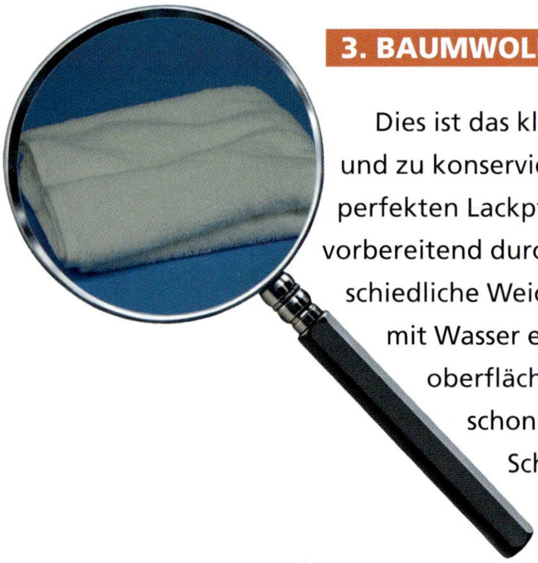

3. BAUMWOLLTÜCHER

Dies ist das klassische Handwerkszeug, um Oberflächen zu reinigen, zu polieren und zu konservieren. Voraussetzung ist allerdings eine hochwertige Qualität. Zur perfekten Lackpflege sind Baumwolltücher einfach unerlässlich. Auch hier kann vorbereitend durch Waschen mit unterschiedlichen Feinwaschmitteln eine unterschiedliche Weichheit des Materials erzielt werden. Nur sehr weiche und zusätzlich mit Wasser etwas benetzte Baumwolltücher putzen auf empfindlichen Lackoberflächen nahezu spurenfrei. Sie sind auch ideal geeignet, um Wachse schonend aufzupolieren und überschüssiges Pflegemittel in der Schlaufenstruktur aufzunehmen.

4. MIKROFASERTÜCHER

Diese neuartigen superfeinen Fasern sind das Schonendste, was die Automobilindustrie derzeit auf noch weichen, putzempfindlichen Neulacken einsetzt. Aber Vorsicht! Die zur Lackpflege eingesetzten Tücher sind von der Webstruktur anders beschaffen als die Haushaltsreinigungstücher aus dem Supermarkt und besitzen auch keine harte Naht an den Kanten. Daher werden für die Lackpflege spezielle Mikrofaser-Poliertücher angeboten, die den perfekten spurenfreien Hochglanz beim Nachreiben z. B. auf allen dunklen Lackoberflächen bewirken. Durch ein hochwertiges Mikrofaser-Waschmittel kann die Weichheit und Lebensdauer solcher Tücher deutlich verlängert werden.

5. MIKROFASER-REINIGUNGSTÜCHER

Durch die schärfer gespaltenen Fasern reinigen und entfetten solche Tücher harte Oberflächen wie Glas, Kunststoff und Metall perfekt. Meist reicht eine ergänzende Behandlung mit Wasser oder Glasreiniger aus, um selbst starke Verschmutzungen oberflächenschonend zu entfernen. Diese einfacheren Reinigungstücher sind jedoch nicht für Lackoberflächen geeignet, weil sie zum Teil leichte Spuren hinterlassen und sogar fettende Substanzen und Wachse entfernen können. Auch die harte Naht des Tuchsaums verewigt sich gerne durch hässliche Putzspuren in weichen Oberflächen. Auch wenn diese Tücher gesäubert werden müssen, ist der Einsatz eines Mikrofaser-Waschmittels empfehlenswert.

6. REINIGUNGSBÜRSTEN

Egal, ob zur Verdeck-, Polster- oder Lederreinigung: Sämtliche Reinigungsbürsten sollten ausschließlich weiche Natur- oder Nylonborsten aufweisen. Zu harte Borsten schädigen nachweislich gerade alte Verdeck- und Polsterstoffe. Um derartige Schäden zu vermeiden, immer nur mit weichen Bürsten und ohne Druck in Faserrichtung reinigen und shampoonieren. Weiche Bürsten können in trockenem Zustand auch zum Entfernen von Poliermittelresten an Zierteilen und Schriftzügen eingesetzt werden. Auch hier gilt: Nach Gebrauch unter fließendem Wasser gut ausspülen. Zusätzlich können zur Pflege von Naturborsten auch Neutral- oder Glyzerinseifen eingesetzt werden, um eine Rückfettung zu gewährleisten.

7. NATURSCHWAMM

Dieses klassische Waschutensil ist das wohl schonendste Lackreinigungswerkzeug für Oldtimer. Ein gepflegter Naturschwamm mit einem guten Shampoo und handwarmem Wasser reinigt spurenfrei dunkle wie helle Lackoberflächen. Es ist jedoch von entscheidender Wichtigkeit, dieses superweiche Naturprodukt nach jeder Anwendung gründlich unter fließenden Wasser auszuspülen. Dabei müssen alle Schmutz- und Sandpartikel aus der offenen Struktur gespült werden. Auch sollte man Shampooreste sorgfältig auswaschen, damit die Schwammfasern nicht auf Dauer geschädigt werden. Anschließend an der Luft trocknen lassen und dann staubfrei lagern. So erhält man sich über einen langen Zeitraum dieses hochwertige Waschwerkzeug.

8. AUTOLEDER

Ein hochwertiges Leder ist nachweislich die pfleglichste und effizienteste Methode, um eine Fahrzeugoberfläche nach der Wäsche zu trocknen. Wie beim Naturschwamm ist es auch beim Leder dringend erforderlich, es nach jeder Anwendung gründlich unter fließendem Wasser zu reinigen. Dabei werden Schmutz, Sand und Shampooreste ausgespült, die sonst dem Leder (und der Lackoberfläche!) schaden würden. Danach muss das Leder aufgespannt an der Luft trocknen und sollte anschließend an einen möglichst staubarmen Ort aufbewahrt werden. Um die Eigenschaften des Naturmaterials möglichst lange zu erhalten, ist es hilfreich, das Leder von Zeit zu Zeit in etwas warmem Wasser (max. 40° C) und pH-neutraler Haushalts- oder Glyzerinseife einzuweichen. Am nächsten Tag dann auswringen und trocknen lassen. Dadurch kann das Leder rückfetten und muss vor dem nächsten Gebrauch nur mit klarem Wasser ausgespült werden.

Anhang 2: Schlusswort und Danksagung

Am Ende dieses Buches hoffe ich, Sie sensibel für betagte Fahrzeugoberflächen gemacht zu haben, und dass der eine oder andere Tipp zu besseren Resultaten bei Pflege und Instandsetzung Ihres Oldtimers führt. Oftmals werden Oberflächenschäden durch allzu aggressive Chemie, zu viel Druck bei der Anwendung und zu harte oder generell ungeeignete Putzutensilien hervorgerufen. Es entstehen dadurch auf Lackoberflächen zum Beispiel die beschriebenen hässlichen Haarlinienkratzer und Holografien, die dann – je nach Lackfarbe – in der Sonne mehr oder weniger stark sichtbar werden; und diese Kratzer müssen dann auf alten und nur noch sehr dünnen Lackschichten durch lackabtragende Mittel wie Polituren wieder entfernt werden. Deshalb am Schluss noch einmal der eindringliche Appell, bei allem was Sie tun, sehr behutsam vorzugehen, damit nicht irgendwann die Grundierung oder gar wieder das blanke Blech sichtbar wird. Wenn Sie darüber hinaus alle Fahrzeugoberflächen in regelmäßigen Pflegeintervallen mit den geeigneten Produkten im Top-Zustand erhalten, werden Sie den Spaß an ihrem Oldtimer garantiert nicht verlieren.

HERSTELLERNACHWEIS

Alfred Clouth GmbH & Co.
Tel.: 069-89007216, www.clou.de

Aristoclass Premium Products
Tel.: 02331-483340, www.aristoclass.de

Dr. O.K. Wack Chemie
Tel.: 0841-6350, www.wackchem.com

Flex Elektrowerkzeuge GmbH
Tel.: 07144-208507, www.flex-tools.de

F.W. Klever (Ballistol)
Tel.: 08744-96990, www.ballistol.de

HCM Innovation (Metabo)
Tel.: 08134-554676, www.FIX40.com

Henkel KG (Ponal)
Tel.: 0211-7970, www.henkel.de

Kreidezeit Naturfarben GmbH
Tel.: 05060-6080650, www.kreidezeit.de

Klassikoel LTD. (Millers Oel)
Tel.: 02594-949081, www.oldtimeroel.de

Lederzentrum GmbH
Tel.: 0800-5553337, www.lederzentrum.de

Liqui Moly GmbH
Tel.: 0731-14200, www.liqui-moly.de

Meguiar`s Deutschland GmbH
Tel.: 0800-6348427, www.meguiars-deutschland.de

Otto Durst GmbH & Co.KG (Autosol)
Tel.: 0212-27180, www.autosol.de

Petzoldt`s OHG (Lexol, Renovo, RaggTopp)
Tel.: 02331-483340, www.petzoldts.de

Profi Products
06306-70170, www.profi-products.de

Rot Weiss Produkte
08382-89044, www.rotweiss.com

Schweizer Effax GmbH
02573-93730, www.kinessin.de

Swizöl Deutschland GmbH&Co
Tel:089-7443000, www.swizol.de

Tesa AG
040-585555, www.tesa.de

TTS Tooltechnic Systems GmbH
07024-804679, www.festool.com

Bei folgenden Museen, Firmen und Personen möchte ich mich noch recht herzlich für Ihre Hilfe und Unterstützung bedanken:

Rosso Bianco Museum Aschaffenburg, Automobil Museum Dortmund, Scuderia Hohensyburg, Autokosmetik Volkmar von Wittern, Show Room Services Neubauer, Beckmann GmbH, K + W Automobile und Neubauer GmbH, Walkling Holztechnik.

Weitere Titel aus dem Heel Verlag

Kurt Lammon

Professionelle Kunststoffreparaturen leicht gemacht

Leicht verständlich und mit instruktiven Step-by-step-Bildern erklärt der Autor alle nötigen Arbeitstechniken, um beschädigte Kunststoffteile speziell an Autos, Motorrädern, Boote, Caravans u.ä. preiswert und professionell, d.h. fachgerecht, dauerhaft und optisch überzeugend zu reparieren.

144 Seiten, ca. 250 farbige Abbildungen und Illustrationen, 210 x 267 mm, Paperback, ISBN 3898802639

€ (D) 24,95

€ (A) 25,70 / CHF 42,–

Peter und John Wallage

Oldtimer-Bauteile selbst repariert und restauriert

Mit seinen klaren leicht verständlichen Erklärungen und über 250 Bildern empfiehlt sich dieses Handbuch als unentbehrlicher Ratgeber für alle Do-it-yourselfer.

160 Seiten, ca. 280 größtenteils farbige Abbildungen, 215 x 275 mm, gebunden, ISBN 3898801578

€ (D) 24,95

€ (A) 25,70 / CHF 42,–

Mischa Berghoff

Autopflege: Tipps und Tricks von Profis

Das umfangreich bebilderte Standardwerk richtet sich sowohl an jene Autobesitzer, die ihr bestes Stück in Eigenregie auf Hochglanz bringen wollen, als auch an jene, die zwar optimalen Werterhalt anstreben, dafür jedoch nicht allzu viel Zeit aufwenden können oder wollen.

176 Seiten, über 500 farb. Abb., 210 x 297 mm, Paperback,ISBN 3898802655

€ (D) 14,95

€ (A) 15,40 / CHF 25,90

Günther Zink

Oldtimer Katalog Nr. 20

In der 20. Ausgabe des Standardwerkes werden auch dieses Mal wieder mehr als 1.100 Fahrzeuge von über 150 Marken detailliert in Wort und Bild vorgestellt.

320 Seiten, 1300 größtenteils farbige Abbildungen, 210 x 297 mm, Paperback, ISBN 3898804704

€ (D) 17,90

€ (A) 18,40 / CHF 30,50

Bestellen Sie unter: Tel.: 05 31 / 79 90 79, Fax 05 31 / 79 59 39, www.heel-verlag.de